"十四五"职业教育优选教材·信息技术类

物联网 CC2530 应用开发基础

主　编　邓泽国　陈塞月　李秀露

副主编　欧浩源　赵树林　高歧东

电子工业出版社.

Publishing House of Electronics Industry

北京·BEIJING

内 容 简 介

本书以中职学校物联网技术应用专业教学标准为依据，结合 1+X《传感网应用开发职业技能等级标准》（初级）来选择内容。全书共 9 个模块 46 个任务，内容涵盖：搭建 CC2530 开发环境，GPIO 控制 LED 灯，GPIO 控制按键，中断原理及应用，定时器/计数器原理及应用，看门狗原理及应用，系统时钟设置和串口通信，A/D 转换器及相关寄存器，综合案例。本书既兼顾了 CC2530 微控制器应用开发的基础知识，又结合物联网工程师岗位人才的需求，基于任务驱动，体现"做中学"，强化专业知识基础。本书提供配套的视频教程、PPT 课件和程序源码，并配有丰富的习题及参考答案。

本书可作为各类职业院校物联网技术应用、电子信息技术、电子技术应用、自动控制等专业的单片机应用技术教材和传感网应用开发 1+X 职业技能证书 CC2530 技术开发教材以及相关技术人员的参考用书。

图书在版编目（CIP）数据

物联网 CC2530 应用开发基础 / 邓泽国，陈塞月，李秀露主编. —北京：电子工业出版社，2023.3
"十四五"职业教育优选教材. 信息技术类
ISBN 978-7-121-45226-0

Ⅰ. ①物… Ⅱ. ①邓… ②陈… ③李… Ⅲ. ①单片微型计算机—中等专业学校—教材 Ⅳ. ①TP368.1

中国国家版本馆 CIP 数据核字（2023）第 046156 号

责任编辑：张来盛（zhangls@phei.com.cn）
印　　刷：三河市龙林印务有限公司
装　　订：三河市龙林印务有限公司
出版发行：电子工业出版社
　　　　　北京市海淀区万寿路 173 信箱　　邮编：100036
开　　本：787×1092　1/16　印张：16.75　字数：428.8 千字
版　　次：2023 年 3 月第 1 版
印　　次：2023 年 3 月第 1 次印刷
定　　价：59.80 元

凡所购买电子工业出版社图书有缺损问题，请向购买书店调换。若书店售缺，请与本社发行部联系，联系及邮购电话：（010）88254888，88258888。

质量投诉请发邮件至 zlts@phei.com.cn，盗版侵权举报请发邮件至 dbqq@phei.com.cn。

本书咨询联系方式：（010）88254467；zhangls@phei.com.cn。

模块一 搭建 CC2530 开发环境

任务一 CC2530 概述与开发环境的搭建

【任务要求】

（1）认识 CC2530 开发板；

（2）认识仿真器；

（3）安装 CC2530 开发环境软件，熟悉开发流程。

二维码 1-1

【视频教程】

本任务的视频教程请扫描二维码 1-1。

【任务准备】

（1）XMF09A/B/C 开发板或全国职业院校技能大赛（简称国赛）的 ZigBee 开发板；

（2）SmartRF04EB 仿真器；

（3）IAR-EW8051-8101 软件；

（4）安装了 Windows 7 或 Windows 10 等 64 位操作系统的计算机；

（5）连接互联网的计算机；

（6）CC2530 中文数据手册；

（7）CC2530 英文数据手册。

【任务实现】

步骤 1：认识 CC2530 微控制器

（1）CC2530 微控制器也称为 CC2530 单片机，它使用标准的增强型 8051 内核，并将该内核与 RF 无线收发器结合，是用于 2.4 GHz IEEE 802.15.4 的 ZigBee 应用的一个片上系统（SoC）。

（2）SoC 是为了专门应用而将单片机和其他特定功能器件集成在一个芯片上的，其控制系统仍然是单片机，从使用的角度来看，应用 SoC 基本上还是在操作一款单片机。

（3）CC2530 微控制器（简称 CC2530）的内部结构。

登录中国知网官网，下载并安装 CAJViewer 7.3 或更高版本的阅读器，使用 CAJViewer 软件打开 CC2530 数据手册。单击"查看"→"目录"设置目录版式进行阅读。

查阅 CC2530 数据手册，阅读简介部分，了解 CC2530 的组成模式以及 CPU 和内存等功能模块。

步骤 2：认识 CC2530 开发板

本教材所使用的 CC2530 开发板是 XMF09B 开发板——XMF09B-V3。

（1）认识 CC2530 开发板的外部结构。CC2530 开发板的外部结构如图 1-1 所示。

图 1-1 CC2530 开发板外部结构

① 微处理器：CC2530 增强型 8051 内核，有 256 KB Flash 和 8 KB SRAM；

② 4 路 LED（发光二极管）指示灯；

③ 2 路按键输入；

④ 1 路 RS-232 串行接口（简称串口）；

⑤ 简易牛角座仿真接口；

⑥ 自定义功能扩展接口；

⑦ 10 路并行 I/O 接口；

⑧ UART 串口；

⑨ 引出电源与地线。

（2）CC2530 的重要外设资源。

① 40 个引脚，能做通用 I/O 端口的引脚 21 个；

② 6 个定时器，包括 1 个睡眠定时器、1 个看门狗定时器、4 个通用定时器；

③ 2 个串行通信接口（串口）；

④ 8 路 12 位 ADC（A/D 转换器）；

⑤ 5 个 DMA（直接存储器访问）通道控制器；

⑥ 18 个中断源。

（3）兼容国赛 ZigBee 模块。

（4）开发板外部设备接口，如图 1-2 所示。

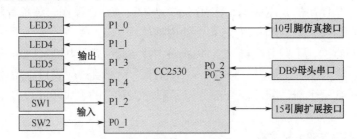

图 1-2 XMF09B-V3 开发板外部设备接口

15 引脚扩展接口的定义见表 1-1。

表 1-1　15 引脚扩展接口定义

双 侧 引 脚		单 侧 引 脚
P1_7	P2_0	5.0V
P0_4/SDI	P0_5/SCL	GND
P0_6/SDO	P0_7/SSS	3.3V
P1_6/SCL	P0_1	GND
P1_5/SDA	P0_0/ADC0	GND

电路应用说明：

① LED 灯在高电平时点亮，低电平时熄灭；

② 当按键按下时，输入低电平；

③ 使用直连公母串口线与计算机的 COM 口连接进行通信。

XMF09B-V3 开发板兼容国赛 ZigBee 开发板，并对国赛 ZigBee 开发板进行了优化。图 1-3 所示为 XMF09B-V3 开发板（左）与国赛 ZigBee 开发板（右）对比。

步骤 3：认识仿真器

本教材使用的是 SmartRF04EB 仿真器，这是一款简易仿真器，但能满足程序下载仿真学习需求，也可以使用 CCDebug 仿真器，两者功能相同，可以通用。SmartRF04EB 仿真器如图 1-4 所示。

图 1-3　两种开发板对比

图 1-4　SmartRF04EB 仿真器

步骤 4：了解 CC2530 开发环境

要进行 CC2530 的应用开发，除了需要开发板和仿真器之外，还需要在计算机上安装配套的开发软件和准备 CC2530 数据手册等相关的文档资料。

（1）安装集成开发环境：IAR-EW8051-8101。

（2）安装仿真器 SmartRF04EB 的驱动程序。

（3）安装代码烧写工具：Setup_SmartRF_Programmer_1.10.2。

（4）安装 ZigBee 无线开发工具：ZStack-CC2530-2.5.1a。

以上四个软件是 CC2530 应用开发的基础工具，它们为开发者提供了工程管理、程序编写、代码编译、芯片烧录、ZigBee 组成协议栈开发等完整的开发环境。对于没有 COM 口的计算机来说，需要使用 USB 转串口设备进行通信，且需要安装相关的驱动程序。为了更好地进行学习、训练和应用开发，还需要准备一些数据手册和开发文档作为辅助资料，以备查阅。

（5）CH341SER 驱动程序，用于支持 USB 转串口通信。

（6）CC2530 中文数据手册完全版。

（7）CC2530 开发环境搭建与快速入门攻略。

（8）CC2530 应用开发速查笔记。

上述开发软件及应用文档均可登录"小蜜蜂笔记"网站下载，或在互联网上搜索下载。

步骤 5：安装 IAR-EW8051-8101 集成开发环境

IAR 集成开发环境根据支持的微处理器类型不同分为不同的版本，由于 CC2530 使用的是增强型 8051 内核，这里选用的版本是 IAR Embedded Workbench for 8051。

（1）找到 IAR-EW8051-8101 安装文件，双击"autorun.exe"安装命令，在弹出的对话框内单击"Install IAR Embedded Workbench?"，如图 1-5 所示。

（2）在弹出的"IAR Embedded Workbench for 8051 8.10.1"对话框内，单击"Next"按钮继续安装。

（3）在弹出的"License Agreement"对话框内，选择"I accept the terms of the license agreement"接受安装协议，如图 1-6 所示，单击"Next"按钮。

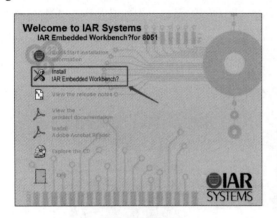
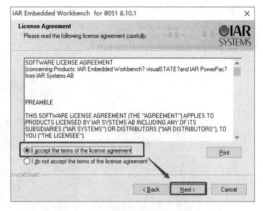

图 1-5　选择版本　　　　　　　　　　图 1-6　接受安装协议

（4）在弹出的"Enter User Information"对话框内输入用户名称、公司名称和产品序列号，如图 1-7 所示。

（5）在弹出的"Enter License Key"对话框内输入产品密钥，如图 1-8 所示。

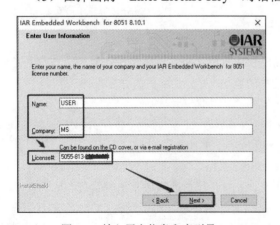
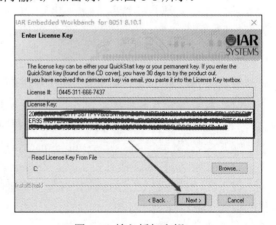

图 1-7　输入用户信息和序列号　　　　　图 1-8　输入授权密钥

（6）在弹出的"Setup Type"对话框内，有"Complete"和"Custom"两种安装方式，选择"Custom"进行自定义安装，单击"Next"按钮，如图 1-9 所示。

（7）在弹出的"Select Features"对话框内，选择"IAR Embedded Workbench for 8051"和"Dongle drivers"，单击"Next"按钮，如图 1-10 所示。

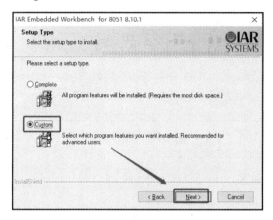

图 1-9　自定义安装　　　　　　　　　　图 1-10　选择安装组件

（8）在弹出的"Choose Destination Location"对话框内，可以单击"Change"按钮选择安装路径，也可以使用默认安装路径，这里使用默认安装路径，单击"Next"按钮，如图 1-11 所示。

（9）在弹出的"Select Program Folder"对话框内输入软件名称，或接受默认名称，这里使用默认名称（如图 1-12 所示），单击"Next"按钮。

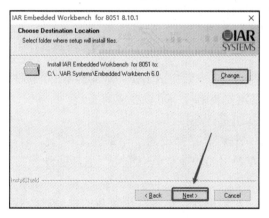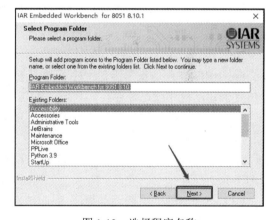

图 1-11　选择安装路径　　　　　　　　　图 1-12　选择程序名称

（10）开始安装。在弹出的"Ready to Install the Program"对话框内单击"Install"按钮，弹出"Setup Status"对话框并显示开始安装进度条，如图 1-13 所示。

（11）在弹出的"Setup Status"对话框内会询问是否安装 USB 驱动程序，选择"是"，如图 1-14 所示。

（12）安装完成后，弹出"InstallShield Wizard Complete"对话框，可以查看发行说明和启动 IAR 嵌入式工作台，然后单击"Finish"按钮完成安装，如图 1-15 所示。

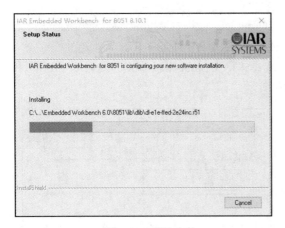

图 1-13　开始安装

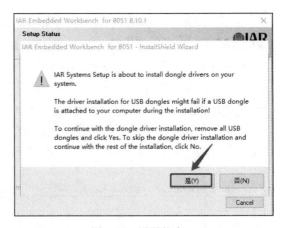

图 1-14　设置状态

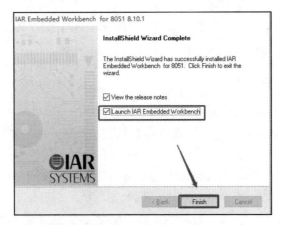

图 1-15　单击"Finish"完成安装

步骤 6：安装仿真器驱动程序

SmartRF04EB 仿真器驱动程序不需要下载软件安装，安装完成 IAR-EW8051-8101 软件后该仿真器驱动程序就已经存在，只需要为仿真器指定安装路径即可以完成其安装。

（1）硬件连接。将仿真器 SmartRF04EB 与计算机进行连接。

（2）更新驱动程序。右击"我的电脑"，选择"管理"，在弹出的"计算机管理"窗口，单击"设备管理器"，右击"SmartRF04EB"设备，在弹出的快捷菜单中单击"更新驱动程序"，如图 1-16 所示。

（3）在弹出的"更新驱动程序-SmartRF04EB"对话框内，单击"浏览我的电脑以查找驱动程序"，如图 1-17 所示。

（4）在弹出的对话框内单击"浏览"按钮，查找 IAR-EW8051-8101 软件安装位置的驱动程序文件，如图 1-18 所示。

（5）选择驱动路径。在弹出的对话框内选择 IAR 安装路径"C:\Program Files (x86)\IAR Systems\Embedded Workbench 6.0\8051\drivers\Texas Instruments\win_64bit_x64"，选择与自己计算机操作系统相匹配的驱动类型，然后单击"确定"按钮，如图 1-19 所示。

（6）单击"下一步"按钮开始安装。驱动程序更新完成后，显示图 1-20 所示的界面。

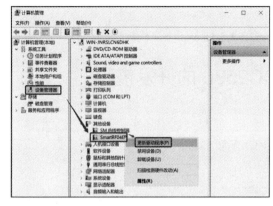

图 1-16　更新驱动程序

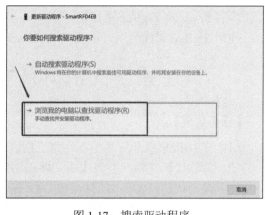

图 1-17　搜索驱动程序

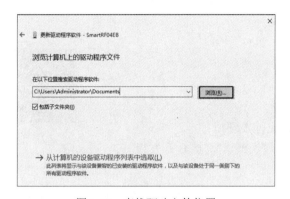

图 1-18　查找驱动文件位置

图 1-20　完成安装后的界面

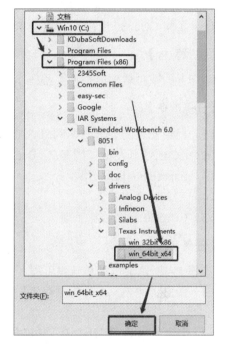

图 1-19　手动查找驱动程序位置

（7）检查安装是否成功。选择"计算机管理"→"设备管理"，如果见到图 1-21 所示结果，则安装成功。

步骤 7：安装代码烧写工具软件

如果要进行产品的生产，就需要使用代码烧写工具。我们现在是学习，这个功能使用不多，所以也可以选择不安装代码烧写工具软件。

安装代码烧写工具软件 Setup_SmartRF_Programmer_1.10.2 的方法：双击"Setup_SmartRF_Programmer_1.10.2.exe"，在弹出的对话框内，一直单击"Next"按钮，直到显示"Finish"按钮并单击它完成安装。

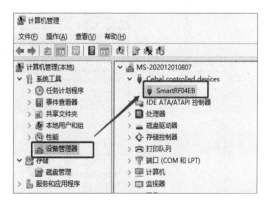

图 1-21　查看仿真器驱动程序安装是否成功

步骤 8：安装 ZigBee 协议栈

使用 ZigBee 无线组网，需要安装 ZStack-CC2530-2.5.1a.exe 协议栈软件。

任务二　IAR 环境下 CC2530 的开发流程

【任务要求】

（1）在 IAR 集成开发环境下新建工作区和工程，配置参数；

（2）新建代码文件，并将代码文件添加到工程中；

（3）编写代码，实现 D4 灯（LED4）的循环闪烁；

（4）编译代码，并将代码通过仿真器下载到目标板中，运行调试；

（5）修改参数，生成 HEX 文件，并将代码文件烧写到目标板上；

（6）了解 CC2530 应用开发的基本流程。

【视频教程】

本任务的视频教程请扫描二维码 1-2。

二维码 1-2

【任务准备】

（1）已经安装的 IAR-EW 8051-8101 集成开发环境；

（2）CC2530 开发板（国赛 ZigBee 黑色模块或 XMF09B 开发板）；

（3）SmartRF04EB 仿真器；

（4）XMF09B 电路原理图；

（5）CC2530 中文数据手册。

【任务实现】

步骤 1：创建工作区和新建工程，配置参数

（1）新建文件夹。在准备保存工程的磁盘（如 C 盘）中创建"第一个 CC2530 项目"文件夹。

（2）创建工作区。打开 IAR-EW8051-8101 集成开发环境，创建工作区。在"IAR Embedded Workbench IDE"窗口中，选择菜单"File"→"New"→"Workspace"命令，创建工作区，如图 1-22 所示。

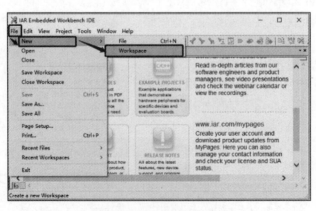

图 1-22　创建工作区

（3）新建工程。选择菜单"Project"→"Create New Project"命令，如图 1-23 所示。

（4）选择空的工程。选择"Empty project"，创建一个空的工程，选择目标芯片"8051"，然后单击"OK"按钮，如图 1-24 所示。

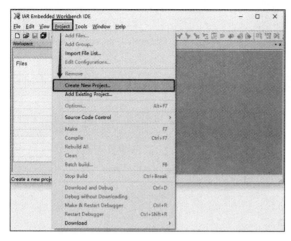

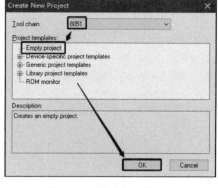

图 1-23　新建工程　　　　　　　　　　　　　　图 1-24　创建空工程

（5）保存工程。在弹出的"另存为"对话框内选择保存工程路径为步骤（1）所创建的"第一个 CC2530 项目"文件夹，命名工程名称为"第一个 CC2530 工程.ewp"，如图 1-25 所示。

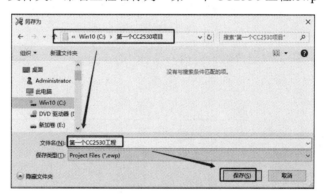

图 1-25　保存工程

工程创建完毕后就会出现在"IAR Embedded Workbench IDE"窗口的左边工作区中。

（6）配置工程参数。

① 打开参数配置对话框。右击"第一个 CC2530 工程"，在弹出的快捷菜单中选择"Option"选项，如图 1-26 所示。

② 配置芯片型号。在打开的"Options for node'第一个 CC2530 工程'"对话框内，选择"General Options"→"Target"，单击"Device information"标签下"Device"文本框后的"…"按钮，如图 1-27 所示。

③ 在打开的对话框内找到并打开"Texas Instruments"文件夹，选择芯片型号"CC2530F256.i51"，如图 1-28 所示。

④ 单击"打开"按钮后即完成芯片选择，如图 1-29 所示。

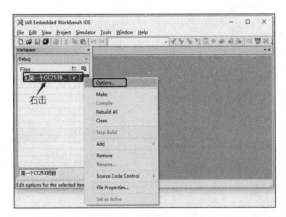

图 1-26　选择"Options"选项

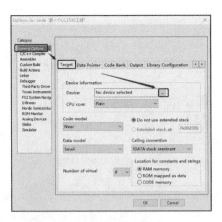

图 1-27　打开参数配置对话框

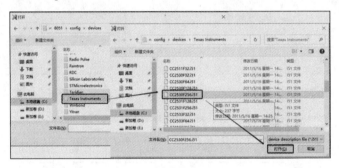

图 1-28　选择芯片型号

（7）配置仿真器。在工程配置对话框内，选择"Debugger"→"Setup"→"Driver"，在"Driver"标签下的列表框内选择仿真器驱动程序为"Texas Instruments"，单击"OK"按钮完成配置，如图 1-30 所示。

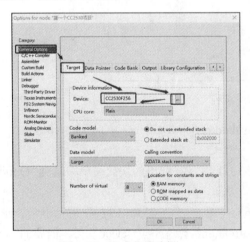

图 1-29　完成芯片选择

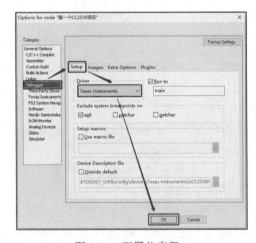

图 1-30　配置仿真器

步骤 2：创建代码文件

（1）创建代码文件（C 代码）。在菜单栏中选择"File"→"New"→"File"命令创建代码文件，如图 1-31 所示；也可以通过单击工具栏上的命令按钮 □ 来创建代码文件。

（2）保存代码文件。单击工具栏上的保存按钮 🖫 或选择"File"→"Save"命令保存文件，如图 1-32 所示。

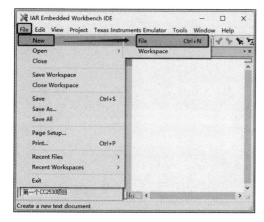

图 1-31　创建代码文件

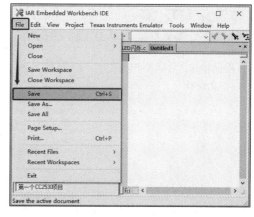

图 1-32　保存代码文件

在弹出的对话框内选择保存文件的路径，输入文件名"LED 闪烁.c"，单击"保存"按钮，如图 1-33 所示。

注意：代码文件的扩展名是".c"。

（3）添加代码文件到工程内。右击"第一个 CC2530 工程"名，在弹出的快捷菜单中选择"Add"→"Add Files"，如图 1-34 所示。

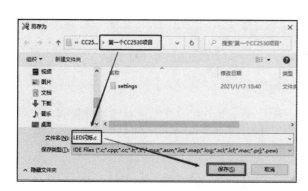

图 1-33　选择保存文件的路径

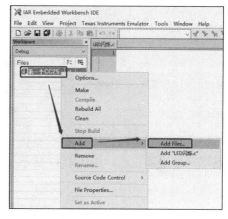

图 1-34　添加代码文件

选择要添加的代码文件"LED 闪烁.c"，单击"打开"按钮即可，如图 1-35 所示。

图 1-35　选择要添加的代码文件

步骤 3：编写代码

（1）编写代码框架。单击工作中添加的代码文件，在编辑区输入代码框架：

```
#include <ioCC2530.h>
void main()
{
    while(1)
    {
    }
}
```

（2）编译。单击工具栏中的编译按钮 🔳，弹出保存工作区对话框，输入工作区名称"LED闪烁工作区"，单击"保存"按钮，如图 1-36 所示。

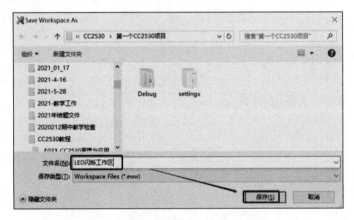

图 1-36　保存工作区

（3）编译后给出的信息是"Done. 0 error(s), 0 warning(s)"，意思是 0 错误 0 警告，说明工程基础环境设置正确，如图 1-37 所示。

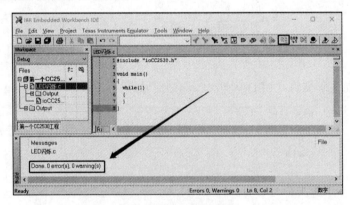

图 1-37　编译代码结果

（4）根据 CC2530 数据手册中给出的 CC2530 电路图（如图 1-38 所示）和任务要求，画出标注引脚的电路简图，标明输入输出关系，如图 1-39 所示。

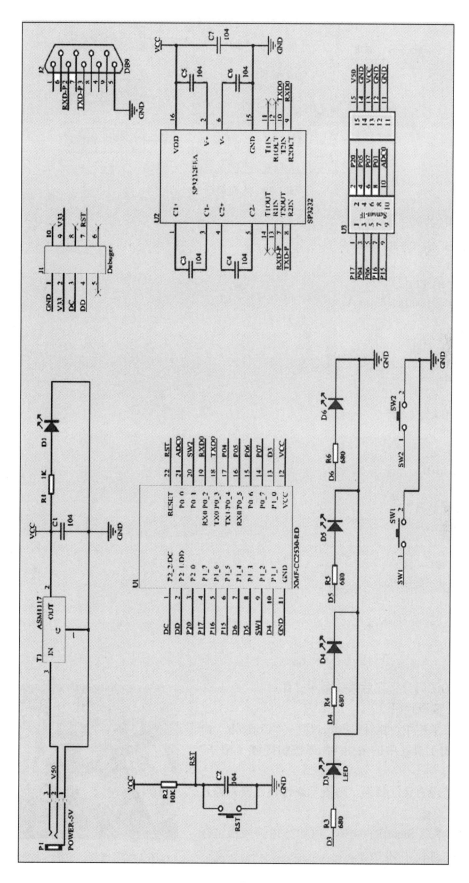

图 1-38　CC2530 数据手册中给出的 CC2530 电路图（XMF09B）

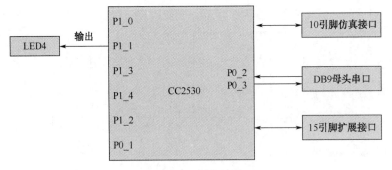

图 1-39　电路简图

（5）编辑代码

```c
#include <ioCC2530.h>

#define D4 P1_1;
void Delay(unsigned int t)
{
  while(t--);
}
void Init_Port()
{
    P1SEL &= ~0x02;
    P1DIR |= 0x02;
}
void main()
{
    Init_Port();
    while(1)
    {
        D4 = 1;
        Delay(60000);
        D4 = 0;
        Delay(60000);
    }
}
```

本任务的源码分析在后续任务中介绍。

步骤 4：编译代码

（1）在菜单栏中，执行"Project"→"Compile"命令，或者单击工具栏中的按钮 或按快捷键 Ctrl+F7 进行编译。

注意：若没有语法错误，则提示 0 错误 0 警告通过编译。

（2）将仿真器 SmartRF04EB 与 CC2530 开发板进行正确的连接，如图 1-40 所示。

图 1-40　连接开发板和仿真器

（3）在菜单栏中执行"Project"→"Download and Debug"命令，或者单击工具栏中的按钮，或者按快捷键 Ctrl+D，进入仿真调试环境，再单击工具栏中的运行按钮，如图 1-41 所示。

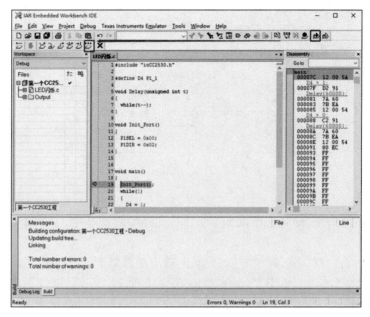

图 1-41　调试运行

如果代码正确，开发板上的 D4 灯会闪烁。

步骤 5：生成和烧写文件

（1）配置输出文件格式。右击工作区工程文件"第一个 CC2530 工程"，在弹出的配置对话框内选择"Linker"→"Output"；勾选"Override default"复选框覆盖默认文件，并修改文件的扩展名为".hex"，文件名也可以修改；在"Format"选项卡中，选择"Other"单选框，接受默认值，然后单击"OK"按钮，如图 1-42 所示。

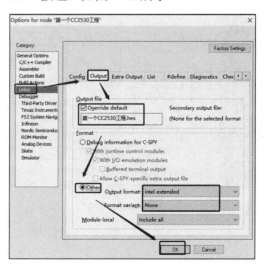

图 1-42　配置输出文件格式

（3）编译生成.hex 文件。单击工具栏中的编译按钮，重新编译代码文件，这时在项目文件夹"C:\第一个 CC2530 项目\Debug\Exe"内生成"第一个 CC2530 工程.hex"文件，如图 1-43 所示。

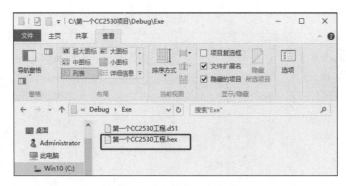

图 1-43　生成的.hex 文件

（4）烧写文件。

① 打开"SmartRF Flash Programmer"软件，在弹出的窗口内，如果配置正确会出现仿真器的型号等信息。

注意：如果没有出现仿真器的型号等信息，按下仿真器上的"RST"复位。

② 选择要烧写的文件。单击"Flash images"标签后的"…"，找到所生成的.hex 文件。

③ 选择"Actions"区域的"Erase, program and verify"擦除和校验选项，再单击"Perform actions"按钮，如图 1-44 所示。

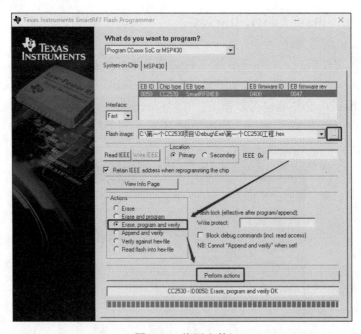

图 1-44　烧写文件

步骤 6：任务总结

（1）新建工作区（Workspace）；

（2）在工作区中创建工程（Project）；

（3）配置工程参数（Options），如芯片型号、仿真器参数；

（4）新建 C 代码文件，文件扩展名是.c，保存文件；

（5）将代码文件添加到工程中；

（6）编写代码；

（7）编译代码；

（8）下载代码，调试运行；

（9）如果需要生成.hex（代码烧写）文件，则需要在工程中"Options"→"Linker"→"Output"位置进行配置。

习　题

一、单项选择题

1. 嵌入式系统是以（　　　）为中心的专用计算机系统。
   A. 稳定 　　　　　 B. 数据 　　　　　 C. 应用 　　　　　 D. 开发

2. 二进制数 0101 1011 1001 1101 转换为十六进制数是（　　　）。
   A.0x5B9D 　　　　 B.0x5C9B 　　　　 C.0xC95B 　　　　 D.0xC9B5

3. 十六进制数 0x3A7D 转换为二进制数是（　　　）。
   A.11 1010 0111 1001 　　　　　　 B.11 1010 0111 1101
   C. 11 0101 0111 1111 　　　　　　 D. 11 0101 0111 1010

4. 逻辑运算 "1101 & 1000" 的结果是（　　　）。
   A. 1000 　　　　　 B.1011 　　　　　 C. 2101 　　　　　 D. 1101

5. CC2530F256 芯片具有的闪存容量为（　　　）。
   A. 32 KB 　　　　 B. 64 KB 　　　　 C. 128 KB 　　　　 D. 256 KB

6. 逻辑运算 "1101 | 1000" 的结果是（　　　）。
   A.1100 　　　　　 B. 1101 　　　　　 C. 1111 　　　　　 D. 1011

7. 将 C 语言编写的程序转换成二进制机器语言代码的过程是（　　　）。
   A. 转换 　　　　　 B. 编译 　　　　　 C. 转化 　　　　　 D.翻译

8. C 语言程序的执行总是从（　　　）开始的。
   A.第一条语句 　　 B. 第一个函数 　　 C.mian 函数 　　 D. main 函数

9. C 语言中的 include 命令是一种（　　　）命令。
   A. 前处理 　　　　 B. 后处理 　　　　 C. 预处理 　　　　 D. 待处理

10. 在 C 语言中每一个说明、每一个语句都必须以（　　　）结尾。
    A. 逗号 　　　　　 B. 句号 　　　　　 C. 冒号 　　　　　 D. 分号

11. CC2530 是（　　　）公司的产品。
    A. 华为 　　　　　 B. TI 　　　　　　 C. ST 　　　　　　 D. 小米

12. CC2530 的内核是（　　　）。
    A. ARM 　　　　　 B. 增强型 8051 　　 C. DSP 　　　　　 D. 8055

13. 进行 CC2530 程序设计的集成开发环境是（　　　）。
    A. Keil 　　　　　 B. Java 　　　　　 C. IAR 　　　　　 D. C#

14. 在 IAR 集成开发环境设计的 CC2530 程序，需要在（　　　）运行。
    A. 平台 　　　　　 B. 目标板 　　　　 C. 手机 　　　　　 D. 仿真器

15. 在 IAR 集成开发环境下进行 CC2530 应用开发，我们不可以（　　　）。

    A. 编写程序　　　　　　B. 编译程序　　　　　　C. 调试程序　　　　　　D. 发布程序

16. 下列文件格式中，哪一个是可以烧写到单片机中并被单片机执行的文件格式？（　　　）

    A. .c 文件　　　　　　　B. .exe 文件　　　　　　C. .class 文件　　　　　D. .hex 文件

17. CC2530 是面向（　　　）通信的一种片上系统，是一种专用单片机。

    A. 2.2 GHz　　　　　　B. 2.4 GHz　　　　　　C. 3.1 GHz　　　　　　D. 3.6 GHz

18. 家用电器中使用的单片机属于计算机的（　　　）。

    A. 辅助工程应用　　　　　　　　　　　　B. 数值计算应用

    C. 控制应用　　　　　　　　　　　　　　D. 数据处理应用

19. 二进制数 110010010 对应的十六进制数可表示为（　　　）。

    A. 192H　　　　　　　　B. C90H　　　　　　　　C. 1A2H　　　　　　　　D. CA0H

20. CPU 主要的组成部分为（　　　）。

    A. 运算器、控制器　　　　　　　　　　　B. 加法器、寄存器

    C. 运算器、寄存器　　　　　　　　　　　D. 存放上一条的指令地址

二、多项选择题

1. 使用 IAR 作为 CC2530 的开发平台，正确的步骤包括（　　　）。

    A. 新建工作区　　　　　　　　　　　　　B. 新建工程

    C. 新建和添加 C 源文件　　　　　　　　　D. 配置工程

2. CC2530 的编程中，对按键 P1_2 使用宏定义，不正确的是（　　　）。

    A. define KEY P1_2　　　　　　　　　　　B. define P1_2 KEY

    C. #define KEY P1_2　　　　　　　　　　D. #define P1_2 KEY

3. 以下不属于 CC2530 软件开发环境的是（　　　）。

    A. IAR　　　　　　　　B. ZigBee　　　　　　　C. 8051　　　　　　　　D. USB

4. 以下不属于单片机特点的是（　　　）。

    A. 体积大、质量大　　　　　　　　　　　B. 结构简单、可靠性高

    C. 工作电压高、功耗低　　　　　　　　　D. 价格昂贵、性价比低

5. 物联网的网络架构包括（　　　）。

    A. 应用层　　　　　　　B. 网络层　　　　　　　C. 感知层　　　　　　　D. 传输层

模块二　GPIO 控制 LED 灯

任务一　将寄存器的某些位置 0 或置 1

【任务要求】

学会将寄存器的某些位置 0 或置 1。

【视频教程】

本任务的视频教程请扫描二维码 2-1。

二维码 2-1

【任务实现】

步骤 1：实现将寄存器中某些位置 1，同时不影响其他位

一个寄存器可能有 8 位或 16 位，每一位都有明确的定义，对某些位置 1 操作就要影响这个位，进而可能会影响整个系统。因此，开发时要求在对一个寄存器里某些位置 1 时，不能影响其他位。有些寄存器可以按位操作，逐位置 1；有些寄存器按字节操作，需要对字节整体置 1。

某些位置 1，使用逻辑或操作。C 语言规定，当 a 和 b 的值为不同组合时，逻辑或运算的真值表如表 2-1 所示。

表 2-1　逻辑或运算的真值表

a	b	a|b
真	真	真
真	假	真
假	真	真
假	假	假

C 语言给出逻辑运算结果时，以数值 1 代表"真"，以 0 代表"假"；判断一个量是否为"真"时，以 0 代表"假"，以非 0 代表"真"。

例 2.1　寄存器 TMP 的当前值是 0x62，将第 2、3、6 位置 1。

分析：十六进制数 0x62 用 8 位二进制数表示为

$$0110\ 0010$$

要将 2、3、6 位置 1，即

$$0100\ 1100$$

用十六进制数表示为 0x4c。

0x62 与 0x4c 相或的结果为

$$0110\ 1110$$

即

$$TMP\ |=\ 0x4c;$$

符号"｜="表示"或等于"，其意义为左边的 TMP 与右边的值 0x4c 相或，结果赋给 TMP。这就实现了将第 2、3、6 位置 1 而其他位的值保持不变，也就是实现了将某些位置 1，同时不影响其他位的值的操作。

逻辑或操作在开发中的具体运用：

明确寄存器与谁相或，确定语句右边的值，即

$$寄存器 ｜=?$$

对于 8 位寄存器，先写 8 个 0，然后将要操作的位置 1。例如将第 2、3、6 位置 1，表示为

$$0000\ 0000\ \rightarrow\ 0100\ 1100$$

二进制数 0100 1100 用十六进制数表示，就是语句右边的值：

$$寄存器 ｜=0x4c;$$

步骤 2：将寄存器中某些位置 0，同时不影响其他位

将寄存器某些位置 0 的操作使用逻辑与运算。

C 语言规定，当 a 和 b 的值为不同组合时，逻辑与运算的真值表如表 2-2 所示。

表 2-2　逻辑与运算的真值表

a	b	a & b
真	真	真
真	假	假
假	真	假
假	假	假

例 2.2　寄存器 TMP 的当前值为 0x62，将第 2、3、6 位置 0。

将第 2、3、6 位置 0，第 2、3、6 位是置 0 的目标位，根据逻辑与运算规则，置 0 位要和 0 相与，其他位的值保持不变。

将第 2、3、6 位置 1：

$$0100\ 1100$$

然后取反：~1011 0011。取反后的二进制数，用十六进制数表示，即

$$0x4c\ 取反：~0x4c$$

所以，

$$0x62：0110\ 0010$$
$$~0x4c：1011\ 0011$$
$$相与结果：0010\ 0010$$

逻辑与运算在开发中的具体运用：

明确寄存器与谁相与，确定语句右边的值，即

$$寄存器 \&= ?$$

对于 8 位寄存器，先写 8 个 0，然后将要操作的位置 1。例如将第 2、3、6 位置 0，表示为

$$0000\ 0000\ \rightarrow\ 0100\ 1100$$

二进制数 0100 1100 用十六进制数表示为

$$0x4c;$$

取反

$$\tilde{} 0x4c$$

即

$$寄存器 \&=\tilde{}0x4c;$$

符号"&="表示"与等于",其意义为左边的 TMP 与右边的值 0x4c 相与,符号"~"是取反运算,结果赋给 TMP。

注意:以上方法,可以应用于 8 位寄存器操作,也可以应用于 16 位、32 位操作,原理相同。

任务二 CC2530 通用 I/O 及相关寄存器

【任务要求】

(1)理解 CC2530 端口引脚,掌握 CC2530 常用 I/O 端口引脚;

(2)了解 CC2530 端口引脚的类型;

(3)理解与通用 I/O 端口相关的常用寄存器;

(4)会使用数据手册查询 PxSEL 寄存器和 PxDIR 寄存器;

(5)会使用数据手册查询 P0INP 寄存器与 P1INP 寄存器;

(6)初步学会使用数据手册查询需要的数据。

二维码 2-2

【视频教程】

本任务的视频教程请扫描二维码 2-2。

【任务准备】

(1)已经安装的 IAR 集成开发环境;

(2)CC2530 开发板(XMF09B);

(3)SmartRF04EB 仿真器;

(4)XMF09B 电路原理图;

(5)CC2530 中文数据手册。

【任务实现】

步骤 1:认识 CC2530 的端口和引脚

单片机的输入/输出功能通过 I/O 端口实现。"I/O"是英文"Input/Output"(输入/输出)的首字母缩写。通用 I/O 是最常用的 I/O,也称为 GPIO(General-Purpose Input/Output)。

(1)CC2530 的端口引脚概述。

CC2530 采用 QFN40 封装(QFN:Quad Flat No-lead Package,方形扁平无引脚封装,是一种焊盘尺寸小、体积小、以塑料作为密封材料的新兴表面贴装芯片封装技术),有 40 个引脚,如图 2-1 所示。

① 有 21 个数字 I/O 端口引脚;

② 实际开发可用的 I/O 端口引脚只有 17 个;

③ 可配置为通用 I/O 端口,或外部设备 I/O 端口;

④ 输入端口具备上拉或下拉功能;

⑤ 每个 I/O 端口都可以配置成外围中断源的输入引脚；

⑥ P1_0 和 P1_1 没有上拉/下拉功能；

⑦ P1_0 和 P1_1 具备 20 mA 的高驱动输出，其余 I/O 引脚是 4 mA 的驱动输出。

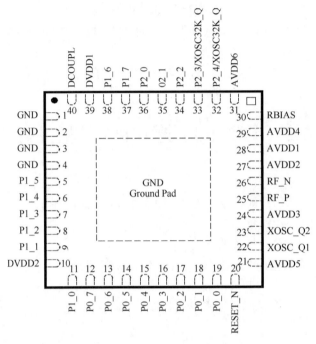

图 2-1　CC2530 的端口引脚

（2）CC2530 端口引脚分类。

CC2530 的 40 个引脚，有 21 个数字 I/O 端口引脚，分为 3 组，即 3 个端口组，分别是 P0、P1 和 P2 端口组。其中，P0 端口组有 8 个引脚，P1 端口组有 8 个引脚，P2 端口组有 5 个引脚。

在实际开发中，P2 端口组只有一个引脚 P2_0 可用，P2_1 和 P2_2 用来接仿真器通信引脚，开发过程中使用的 SmartRF04EB 仿真器，就接在这两个引脚上。P2_3 和 P2_4 通常用来接 32 MHz 的外部晶振（晶体振荡器简称晶振）。CC2530 在进行 2.4 GHz 无线通信时，需要使用 32 MHz 的外部晶振，因此可用 I/O 引脚只有 17 个。

很多通用 I/O 引脚可以复用，即一个引脚可以有两种以上的功能。这种一个引脚有多种功能的现象叫作功能复用。虽然一个引脚可以有多种功能，但是在某一时刻应用时只能选择使用其中一种功能。这是通过对应寄存器的位来进行选择的。因此，在 CC2530 里这些数字 I/O 端口可以通过对寄存器的配置，来选择其引脚是通用 I/O 端口引脚还是外部设备引脚。

通用 I/O 端口，如果作为输入端口，则输入模式可以配置成上拉模式、下拉模式或三态模式。

通用 I/O 端口还有个特点，每个通用端口都可以根据应用需要配置成外部中断，即该端口的引脚可以作为外部中断源的输入引脚。

（3）P1_0 和 P1_1 引脚的特点。

① 当 P1_0 和 P1_1 这两个引脚设置成 GPIO 的输入模式时，没有上拉/下拉功能。

② P1_0 和 P1_1 具备 20 mA 的高驱动输出，可以驱动大功率的设备，其他 I/O 引脚都是 4 mA 驱动输出。

步骤 2：了解与 I/O 端口相关的寄存器

在 CC2530 内部，一些特殊功能的存储单元用来存放控制器内部器件的命令、数据或运行过程中的状态信息，这些寄存器统称为"特殊功能寄存器"（Special Function Register, SFR）。

操作 CC2530 的本质，就是对这些特殊功能寄存器进行读写操作，并且某些特殊功能寄存器可以进行位寻址。

（1）引入头文件。CC2530 内部的特殊功能寄存器实质上是一个存储单元，这些存储单元唯一可以识别的标识是这个单元的地址。读写某一特殊功能寄存器，首先要知道这个特殊功能寄存器的地址。

为了便于程序设计开发时使用，每个特殊功能寄存器都会起一个名字，这些名字代替内存单元的地址，存放在头文件中。引入头文件"ioCC2530.h"，就能直接使用寄存器的名字。CC2530头文件"ioCC2530.h"如图 2-2 所示。

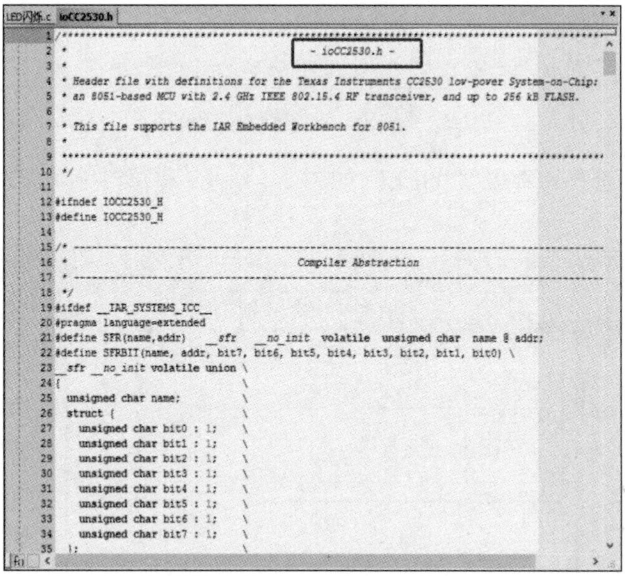

图 2-2 CC2530 头文件

打开头文件，可以看到头文件内部是一些将特殊功能寄存器地址和对应的名字关联起来的宏定义，还有一些是可以对内部单元进行位操作的位定义。给每个位设定名称，在程序设计时就可以直接使用这些名称来代替对应的存储单元进行相关的读写操作。

（2）与通用 I/O 端口（GPIO）相关的常用寄存器有 4 个。

① PxSEL：端口功能选择寄存器。设置端口是通用 I/O（GPIO）还是外设功能端口。"P"是指端口（Port），"x"是端口组的序号，在 CC2530 里"Px"就是 P0、P1 和 P2；"SEL"指选择（Selection）。

② PxDIR：端口方向寄存器。作为通用 I/O 端口时，用来设置数据的传输方向。

③ PxINP：端口输入模式寄存器。作为通用输入端口时，选择输入模式是上拉、下拉还是三态模式。

④ Px：数据端口。用来控制端口的输出或获取端口的输入。

步骤 3：设置 PxSEL 寄存器

使用 CAJViewer 软件打开 CC2530 数据手册，复制"PxSEL"，在"请输入搜索内容"下的文本框内，粘贴"PxSEL"；选择"在当前活动文档中搜索"，单击 ➡ 按钮进行搜索，则在"相关内容"和"页"下，能够看到搜索内容和所在位置的页码。单击任何一个 PxSEL 超级链接，会显示与 PxSEL 相关的内容，如图 2-3 所示。

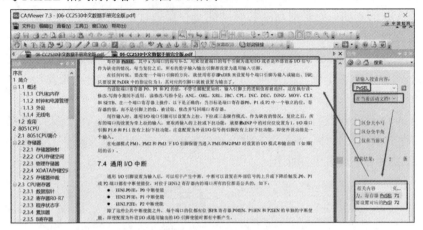

图 2-3　CAJViewer 中搜索"PxSEL"

搜索端口 0 功能选择寄存器"P0SEL"（如图 2-4 所示）和端口 1 功能选择寄存器"P1SEL"，可查到其相关信息。

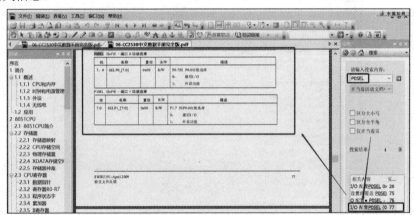

图 2-4　搜索 P0SEL 寄存器

例 2.3　将端口 1 的 P1_4、P1_1 和 P1_0 设置为 GPIO 功能。

分析：设置 GPIO 是将位置 0，用与操作。

$$0000\ 0000 \rightarrow 0001\ 0011 \rightarrow 0x13$$

即：

$$P1SEL\ \&=\ {\sim}0x13;$$

例 2.4　将端口 0 的 P0_6、P0_2 和 P0_0 设置为外设功能。

分析：设置外设功能是置 1，用或操作。

$$0000\ 0000 \rightarrow 0100\ 0101 \rightarrow 0x45$$

即：

$$P0SEL\ |=\ 0x45;$$

步骤 4：设置 PxDIR 寄存器

把一个引脚设置成通用 I/O 端口引脚后，要通过 PxDIR 寄存器设置其方向是输入方向还是输出方向。同样，这里的某一位，对应的就是端口的某一个引脚。P0 和 P1 端口都有 8 个引脚，因此，P0DIR 和 P1DIR 的 8 位分别对应端口组的 8 个引脚。

在 CC2530 数据手册中，搜索"PxDIR"，结果有"在任何时候，要改变一个端口引脚的方向，就使用寄存器 PxDIR 来设置每个端口引脚为输入或输出。因此只要设置 PxDIR 中的指定位为 1，其对应的引脚端口就被设置为输出了"。

搜索端口 0 方向寄存器"P0DIR"和端口 1 方向寄存器"P1DIR"，可查到端口 0 和端口 1 方向寄存器的相关信息，如图 2-5 所示。

P0DIR（0xFD）-端口0-方向

位	名称	复位	R/W	描述
7:0	DIRP1_[7:0]	0x00	R/W	P0.7到P0.0的I/O方向 0:　　输入 1:　　输出

P1DIR（0xFD）-端口1-方向

位	名称	复位	R/W	描述
7:0	DIRP1_[7:0]	0x00	R/W	P1.7到P1.0的I/O方向 0:　　输入 1:　　输出

图 2-5　端口方向寄存器 P0DIR 和 P1DIR 的相关信息

例 2.5　将 P0_4 和 P0_2 引脚设置为输入方向。

分析：将相应位置 0 就是输入方向，置 0 用逻辑与操作。

$$0000\ 0000 \rightarrow 0001\ 0100$$

即：

$$P0DIR\ \&=\ \text{\textasciitilde}0x14;$$

例 2.6　将 P1_5、P1_2 和 P1_1 引脚设置为输出方向。

分析：将相应位置 1 就是输出方向，置 1 用逻辑或操作。

$$0000\ 0000 \rightarrow 0010\ 0110$$

即：

$$P1DIR\ |=\ 0x26;$$

端口功能选择寄存器用来设置端口引脚的功能，每个寄存器有 8 位，每一位对应一个引脚，每一位的值只有 0 和 1 两种状态。

任务三　LED 灯闪烁基本原理及应用

【任务要求】

点亮 LED 灯（D4），使其不断闪烁。

【视频教程】

本任务的视频教程请扫描二维码 2-3。

【任务准备】

（1）已经安装的 IAR 集成开发环境；

（2）CC2530 开发板（XMF09B）；

二维码 2-3

（3）SmartRF04EB 仿真器；

（4）XMF09B 电路原理图；

（5）CC2530 中文数据手册。

【任务实现】

步骤 1：打开工程文件并分析代码

（1）引入 CC2530 头文件。

#include <ioCC2530.h>

ioCC2530.h 头文件的作用：对特殊功能寄存器进行读写操作，首先要找到这些内存单元，而找到这些内存单元的依据就是要知道内存单元所在的地址。要记住地址非常不容易，也不方便。ioCC2530.h 头文件实现了一个内存地址与一个名称的一一对应关系，它实现了把内存地址与名称关联起来的功能。

打开 ioCC2530.h 文件，可以看到地址与名称的对应关系，在程序设计和开发时应该使用方便记忆的名称。

①定义端口。P1 端口组的地址是 0x90，定义 P1 端口组的 8 个端口（引脚）P1_0、P1_1、P1_2、P1_3、P1_4、P1_5、P1_6、P1_7，就是对每个位进行位操作，如图 2-6 所示。

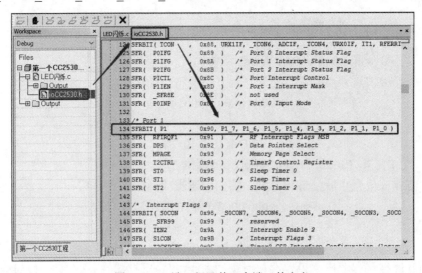

图 2-6　P1 端口组及其 8 个端口的定义

② 方向寄存器 P0DIR 的地址是 0xFD，P2DIR 的地址是 0xFF。指令 SRF 就是将内存地址 0xFD 与名称 P0DIR 关联起来的宏定义，在程序设计时使用 P0DIR 代替 0xFD 这个内存地址，根据地址找到内存单元进行读写操作，如图 2-7 所示。

如果使用 P1_1 这个引脚，就要引入头文件 ioCC2530.h；若没有头文件编译，则会出现错误。

（2）宏定义 LED 灯。宏定义是根据一系列预定义的规则替换一定的文本。

使用语句

```
#define D4 P1_1;
```

进行宏定义后，表示用 LED 灯 D4（LED4）替代 P1_1 端口（引脚）。

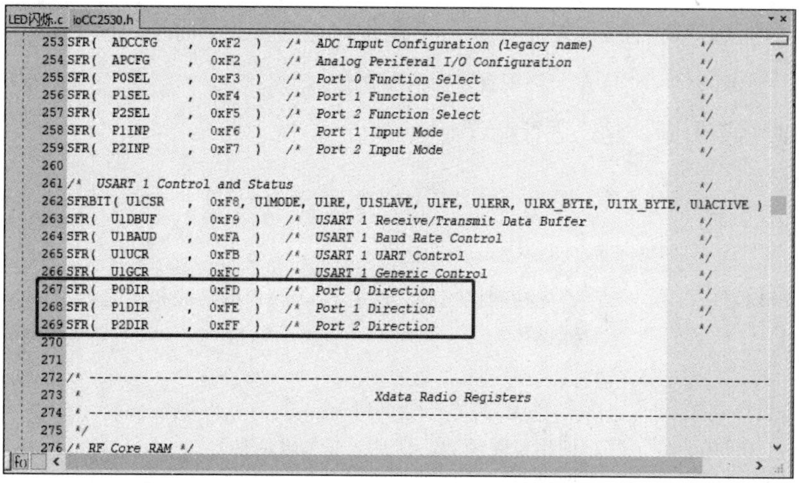

图 2-7　内存地址与名称的关联

（3）延时函数。

```
void Delay(unsigned int t)
{
    while(t--);
}
```

延时函数的作用是执行空指令，处理器每执行一条指令都需要消耗时间，通过执行空指令达到延时的目的。延时的时间长度通过传入的实参数设定，这是个非精确延时函数。

（4）端口初始化函数。

```
void Init_Port()
{
    P1SEL &= ~0x02;
    P1DIR |= 0x02;
}
```

① 设置端口功能选择寄存器 PxSEL。要将一个引脚作为 GPIO 端口引脚，可将这个引脚所对应的位置 0。若使用的是 P1_1 引脚，则将 P1SEL 这个端口功能选择寄存器的第 1 位置 0。置 0 是逻辑与运算，即：

$$0000\ 0000 \rightarrow 0000\ 0010 \rightarrow 0x02$$
$$P1SEL\ \&=\ \sim0x02;$$

② 设置端口输出方向寄存器 P1DIR。LED 灯闪烁，P1_1 引脚的端口方向是输出。设置为输出是将相应位置 1，置 1 是逻辑或操作，即：

$$0000\ 0000 \rightarrow 0000\ 0010 \rightarrow 0x02$$
$$P1DIR\ |=\ 0x02;$$

③通过查询 CC2530 数据手册，得到 CC2530 寄存器初始化时默认值为：

```
P1SEL  =  0x00;
P1DIR  =  0x00;
P1INP  =  0x00;
```

所以端口功能选择寄存器可以不配置，简化初始化函数为一条指令：

```
P1DIR  |=  0x02;                //配置 P1.1 为输出
```

这在学习时需要用到，建议进行配置。

（5）主函数。

```
void main()
{
  Init_Port();              //首先初始化端口，设定 P1_1 端口的功能和方向。
  while(1)                  //死循环
  {
    D4 = 1;                 //点亮 D4,高电平时点亮
    Delay(60000);          //调用延时函数，延时（非精确延时）
    D4 = 0;                 //熄灭 D4,低电平时熄灭
    Delay(60000);
  }
}
```

发光二极管（LED）具有单向导电特性，只有在正向电压下（二极管的正极接正，负极接负时）才能导通发光。因为 P1.1 引脚接 LED 灯 D4 的正极，所以 P1.1 引脚输出高电平时 D4 亮，P1.1 引脚输出低电平时 D1（LED1）熄灭。

步骤 2：仿真调试

执行 Project→Download and Debug 命令，或单击工具栏上的图标（按钮）🖐，进入仿真调试窗口。这时程序执行端口初始化函数，绿色的箭头指示将要执行的指令。单击左上角的运行图标 ⚡，如图 2-8 所示，观察 CC2530 开发板上的 LED 灯的闪烁情况。

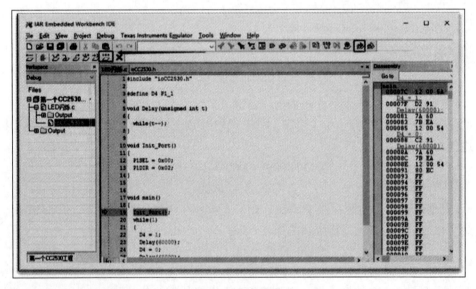

图 2-8 仿真调试

步骤 3：跟踪调试

调试工具栏如图 2-9 所示。

图 2-9 调试工具栏

 Reset：复位；

 Break：停止运行；

 Step Over：逐行运行，快捷键为 F10；

 Step Into：跳入运行，快捷键为 F11；

 Step Out：跳出运行，快捷键为 Shift + F11；

 Next Statement：运行到下一语句；

 Run to Cursor：运行到光标行；

 Go：运行，快捷键为 F5；

 Stop Debugging：停止调试，快捷键为 Ctrl+Shift+D。

调试工具栏是在程序调试时才有效的一些快捷图标，在编辑状态下，这些图标无效。

（1）设置断点。

在代码左边单击要设置断点的语句，单击工具栏上的设置断点图标 ，或单击要设置断点的语句，单击鼠标右键，选择"Toggle Breakpoint（Code）"，这时该语句上将出现红色的断点标记，如图 2-10 所示。

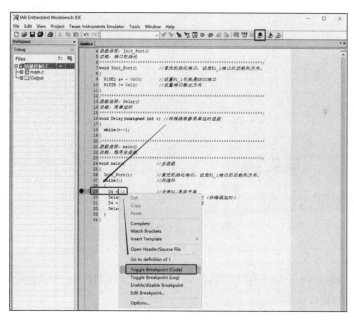

图 2-10 设置断点

（2）下载运行。

单击工具栏上的下载运行图标 ，或者按 Ctrl+D 组合键或在主菜单选择 Project→ DownLoad and Debug 命令，下载运行，如图 2-11 所示。

（3）执行到断点。

按 F5 键或工具条上的运行图标 都可以让程序执行到断点，调试（Debug）窗口将显示关于断点的信息，如图 2-12 所示。

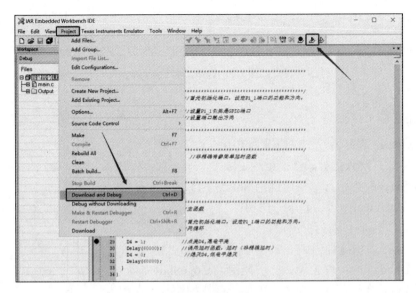

图 2-11　下载运行

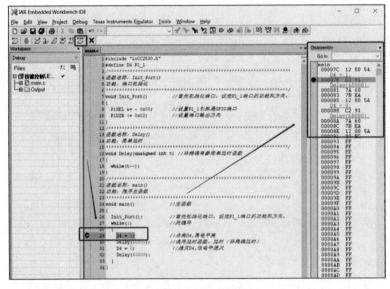

图 2-12　执行到断点

（4）执行调试。

① 单步执行 Step Over：按 F10 快捷键或在主菜单选择 Debug→Step Over，单步执行一条语句，不跟踪进入函数。

② 单步执行 Step Into：按 F11 快捷键或在主菜单选择 Debug→Step Into，跟踪执行一条语句，跟踪进入函数。

③ 从当前位置执行 Step Out：按 Shift+F11 组合键或在主菜单选择 Debug→Step Out，启动函数从当前位置开始执行，并返回到调用该函数的下一条语句。

④ Next Statement：直接运行到下一条语句。

⑤ Run to Cursor：从当前位置运行到光标处。

⑥ Break：终止运行。

⑦ Reset：复位。

⑧ Stop Debugging：退出调试器

（5）查看变量。

①查看静态变量。打开 Live Watch 窗口。选择主菜单 View→Watch 命令。Watch 窗口用于观察静态变量，如全局变量。

②查看动态变量。右击要查看的变量，单击"Add to Watch"，变量的值在执行时会变化并显示出来。

例如，在循环体内设置断点，观察变量 i 值的变化。右击设置断点的语句，选择"Add to Watch"，单步执行，观察变量 t 值变化，如图 2-13 所示。

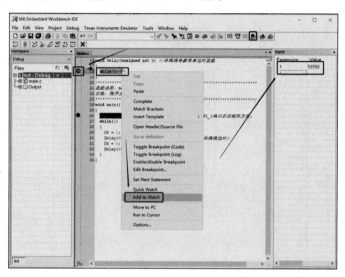

图 2-13　查看变量

（6）查看寄存器。

在主菜单选择 View→Register，打开寄存器窗口，显示的是 CPU 寄存器。可以从寄存器窗口的下拉菜单中选择需要查看的寄存器，如图 2-14 所示。

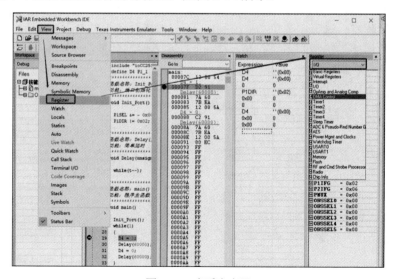

图 2-14　查看寄存器

（7）查看存储器。

可以在存储器窗口监视所选择的存储器区域。

①选择主菜单 View→Memory，打开存储器窗口（8-bit 显示数据）。

②双击某个全局变量名并用鼠标将其拖到存储器窗口。单步执行，同时观察存储器的内容是如何修改的。可以在存储器窗口修改存储单元的内容，如图 2-15 所示。只需把插入点放在希望修改的地方，然后输入新值。

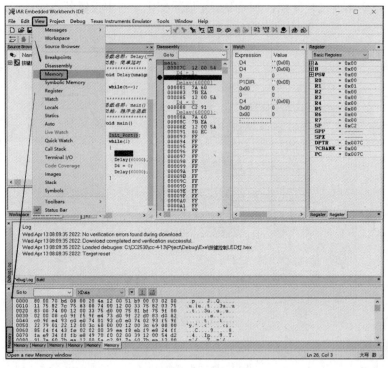

图 2-15　查看存储器

（8）停止程序调试。

①复位应用程序，选择主菜单 Debug→Reset 或按工具条上的 Reset 按钮。

②退出应用程序。选择 Debug→Stop Debugging 或按工具条上的 Stop Debugging 按钮。

步骤 4：解决不能继续仿真调试的问题

在学习时选择好芯片，设置好仿真器就可以了，一般无须生成.hex 文件就可以进行项目训练和基本的开发。当量产的时候才需要生成.hex 文件。

堆栈警告处理。在 IAR 环境下配置项目时，当选择"Override default"和"Other"后，会产生一个.hex 文件。再次调试时，会产生一个"Stack Warning"（堆栈警告）信息，如图 2-16 所示。此时，不能继续仿真调试。

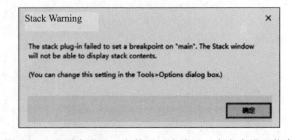

图 2-16　设置生成.hex 文件后再次编译，会产生错误信息

解决堆栈警告是配置项目选项。如果遇到这样的问题，打开配置对话框，取消"Override default"和"Other"选项，选择默认的"Debug information for C-SPY", 就可以继续仿真调试了。如图 2-17 所示。

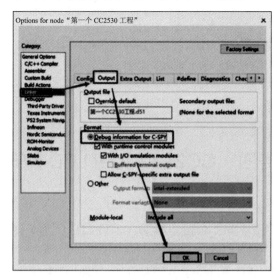

图 2-17　调试恢复默认值

【任务代码】

```c
#include "ioCC2530.h"
#define D4 P1_1
/*************************************************************
函数名称：Init_Port()
功能：端口初始化
*************************************************************/
void Init_Port()          //首先初始化端口，设定 P1_1 端口的功能和方向
{
  P1SEL &= ~0x00;         //设置 P1_1 引脚是 GPIO 端口
  P1DIR |= 0x02;          //设置端口输出方向
}
/*************************************************************
函数名称：Delay()
功能：简单延时
*************************************************************/
void Delay(unsigned int t) //非精确有参简单延时函数
{
  while(t--);
}
/*************************************************************
函数名称：main()
功能：程序主函数
*************************************************************/
void main()               //主函数
{
  Init_Port();            //首先初始化端口，设定 P1_1 端口的功能和方向。
```

```
  while(1)                //死循环
  {
    D4 = 1;               //点亮 D4,高电平点亮
    Delay(60000);         //调用延时函数,延时(非精确延时)
    D4 = 0;               //熄灭 D4,低电平熄灭
    Delay(60000);
  }
}
```

任务四　CC2530 实现 LED 跑马灯

【任务要求】

（1）设计端口初始化函数 Init_Port()，配置 D3（LED3）、D4（LED4）、D5（LED5）、D6（LED6）的引脚。

（2）设计跑马灯函数 LED_Running()，实现以下功能：D4 点亮，延时，D3 点亮，延时，D6 点亮，延时，D5 点亮，延时；D4 熄灭，延时，D3 熄灭，延时，D6 熄灭，延时，D5 熄灭，延时（LED 灯高电平点亮）。

（3）在 main()函数中，反复调用 LED_Running()，实现跑马灯功能。

（4）熟练掌握 CC2530 项目的开发流程。

（5）初步掌握对 CC2530 GPIO 的操作。

【视频教程】

本任务视频教程请扫描二维码 2-4。

二维码 2-4

【任务准备】

（1）已经安装的 IAR 集成开发环境；

（2）CC2530 开发板（XMF09B）；

（3）SmartRF04EB 仿真器；

（4）XMF09B 电路原理图；

（5）CC2530 中文数据手册。

【任务实现】

步骤 1：绘制任务电路简图

根据 CC2530 电路图画出本任务电路简图，如图 2-18 所示。

步骤 2：创建文件夹

创建保存项目的空文件夹，名称是"LED 跑马灯"。

步骤 3：工程基础环境设置

（1）新建 Workspace 工作区。

（2）在工作区中创建"LED 跑马灯"工程。

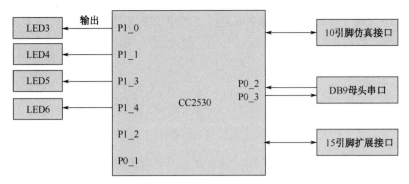

图 2-18　LED 跑马灯电路简图

（3）配置工程 Options 参数。

① 指定芯片型号是 Texas Instruments 公司的 CC2530F256，如图 2-19 所示。

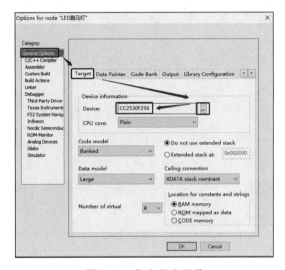

图 2-19　指定芯片型号

② 设置仿真器参数为"Texas Instruments"，如图 2-20 所示。

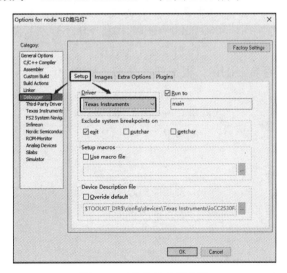

图 2-20　设置仿真器参数

（4）新建 C 代码文件，文件名称是 main.c，注意文件扩展名一定是.c，然后保存文件。

（5）将代码文件添加到工程中。

（6）编写基础代码。

```c
#include "ioCC2530.h"

void main()
{
    while(1)
    {
    }
}
```

编译，保存工作区，名称为"LED 跑马灯工作区"。若出现"Done. 0 error(s), 0 warning(s)"，则说明工程基础环境设置正常。

步骤 4：编写代码

（1）宏定义引脚。根据电路简图，对 4 个 LED 灯 D3、D4、D5、D6 进行宏定义。

```c
#define D3 P1_0
#define D4 P1_1
#define D5 P1_3
#define D6 P1_4
```

（2）编写延时函数。

```c
void Delay(unsigned int t)
{
    while(t--);
}
```

（3）编写端口初始化函数。设计这 4 个灯的 GPIO 功能和输出方向。

① 设置端口功能选择寄存器 P1SEL。根据任务要求，将 P1_0、P1_1、P1_3 和 P1_4 设置为通用 I/O 端口，每位置 0（置 0 使用逻辑与运算），即：

$$0000\ 0000 \to 0001\ 1011 \to 0x1B$$
$$P1SEL\ \&=\ {\sim}0x1B;$$

② 设置端口方向寄存器 PxDIR。根据任务要求，将 P1_0、P1_1、P1_3 和 P1_4 端口设置为输出（置 1），即：

$$0000\ 0000 \to 0001\ 1011 \to 0x1B$$
$$P1DIR\ \ |=0x1B;$$

```c
void Init_Port()
{
    P1SEL &= ~0x1B;      //选择端口的功能是通用 I/O
    P1DIR |= 0x1B;       //配置端口的方向是输出
}
```

（4）编写 LED_Running()函数。

```c
void LED_Running()
```

```
    {
        D4 = 1;
        Delay(60000);
        D3 = 1;
        Delay(60000);
        D6 = 1;
        Delay(60000);
        D5 = 1;
        Delay(60000);
        D4 = 0;
        Delay(60000);
        D3 = 0;
        Delay(60000);
        D6 = 0;
        Delay(60000);
        D5 = 0;
        Delay(60000);
    }
```

（5）编写主函数。

```
void main()
{
    Init_Port();
    while(1)
    {
        LED_Running();
    }
}
```

步骤 5：仿真调试

按快捷键 F5，便可全速执行代码。可以看到跑马灯效果。

【任务代码】

```
#include "ioCC2530.h"   //导入 CC2530 头文件

#define D3 P1_0     //宏定义引脚
#define D4 P1_1
#define D5 P1_3
#define D6 P1_4
/************************************************************
函数名称：Delay()
功能：简单延时
************************************************************/
void Delay(unsigned int t)
{
    while(t--);
```

```
}
/*****************************************************************
函数名称：Init_Port()
功能：端口初始化
*****************************************************************/
void Init_Port()
{
    //选择端口的功能：将 P1_0、P1_1、P1_3、P1_4 设置为通用 I/O 端口
    P1SEL &= ~0x1B;      // 0001 1011
    //配置端口的方向：将 P1_0、P1_1、P1_3、P1_4 设置为输出
    P1DIR |= 0x1B;       // 0001 1011
}
/*****************************************************************
函数名称：LED_Running()
功能：LED 跑马灯
*****************************************************************/
void LED_Running()
{
    D4 = 1;
    Delay(60000);
    D3 = 1;
    Delay(60000);
    D6 = 1;
    Delay(60000);
    D5 = 1;
    Delay(60000);
    D4 = 0;
    Delay(60000);
    D3 = 0;
    Delay(60000);
    D6 = 0;
    Delay(60000);
    D5 = 0;
    Delay(60000);
}
    /*****************************************************************
    函数名称：main()
    功能：程序的入口
    *****************************************************************/
    void main()
    {
    Init_Port();
    while(1)
        {
```

```
            LED_Running();
        }
    }
```

注意：当在"Workspace"中的工程下面出现代码文件时，工程名字右上角的黑色"＊＊"表示工程发生改变后还没有保存，代码文件右侧的红色"＊＊"表示该代码文件还未编译。

习　题

一、单项选择题

1. CC2530 中的寄存器 PxDIR 是用来设置 x 端口组的（　　）。
    A. 引脚功能　　　　　　B. 功能　　　　　　　C. 输入模式　　　　　D. 方向

2. CC2530 中的寄存器 PxSEL 是用来设置 x 端口组的（　　）。
    A. 输出方向　　　　　　B. 功能　　　　　　　C. 输入模式　　　　　D. 方向

3. CC2530 的 P1_0 和 P1_1 端口具有（　　）的驱动能力。
    A. 4mA　　　　　　　　B. 8mA　　　　　　　C. 12mA　　　　　　D. 20mA

4. CC2530 中具有驱动 20 mA 能力的端口是（　　）。
    A. P0_1 和 P0_2　　　B. P1_2 和 P1_3　　　C. P0_2 和 P0_3　　　D. P1_0 和 P1_1

5. CC2530 中的寄存器 PxSEL，其中 x 为端口的标号（　　）。
    A. 0～3　　　　　　　　B. 0～1　　　　　　　C. 0～2　　　　　　D. 0～4

6. CC2530 中的寄存器 PxDIR，其中 x 为端口的标号（　　）。
    A. 0～1　　　　　　　　B. 0～2　　　　　　　C. 0～3　　　　　　D. 0～4

7. 在 CC2530 中有 3 个 8 位端口，配置端口引脚为输出方向的寄存器是（　　）。
    A. Px　　　　　　　　　B. PxSEL　　　　　　C. PxIEN　　　　　　D. PxDIR

8. 在 CC2530 中，对于 P0SEL 寄存器说法正确的是（　　）。
    A. P0SEL|=0x03 与 P0SEL&=0x03 效果一样
    B. 通过对 P0SEL 赋值，只能对 0 端口某个位的功能进行设置
    C. 通过对 P0SEL 赋值，能对 0 端口多个位的功能进行设置
    D. P0SEL=0x01 与 P0SEL|=0x01 效果一样

9. 以下关于 CC2530 资源的选项中，不正确的是（　　）。
    A. CC2530 具有 18 个中断源　　　　　　B. CC2530 具有 4 路 12 位的 ADC
    C. CC2530 拥有 21 个数字 I/O 端口　　　D. CC2530 具有 2 路串行通信接口

10. C2530 具有（　　）个可编程 I/O 端口。
    A. 8　　　　　　　　　　B. 21　　　　　　　　C. 16　　　　　　　D. 40

11. P1DIR |= 0x02，是把（　　）端口设为输出模式。
    A. P1_0　　　　　　　　B. P1_2　　　　　　　C. P1_1　　　　　　D. P1_3

12. P1DIR &= ~0x02，是把 P1_1 端口设为（　　）。
    A. 外设功能　　　　　　B. 输入模式　　　　　C. 通用 I/O　　　　　D. 输出模式

13. P0SEL &= ~0x14，是把（　　）端口设为通用 I/O。
    A. P0_5 和 P0_2　　　B. P0_4 和 P0_2　　　C. P1_5 和 P1_2　　　D. P1_4 和 P1_2

14. P0SEL &= ˜0x24，是把 P0_5 和 P0_2 端口设为（　　　）。

  A. 外设功能   B. 输入模式   C. 通用 I/O   D. 输出模式

15. 在 CC2530 的应用开发中，把 P0_4 和 P0_2 端口设为通用 I/O 的程序语句是（　　　）。

  A. P0SEL &= ˜0x14   B. P0SEL &= ˜0x24

  C. P0SEL |= 0x14   D. P0SEL |= 0x24

16. 在 CC2530 的应用开发中，把 P0_6 和 P0_1 端口设为输出模式的程序语句是（　　　）。

  A. P0DIR &= ˜0x42   B. P0DIR &= 0x42

  C. P0DIR |= ˜0x42   D. P0DIR |= 0x42

17. 将寄存器 P0SEL 的第 5 位、第 2 位和第 1 位清零，同时不影响该寄存器的其他位，在 C 语言中的语句应该是（　　　）。

  A. P0SEL |= 0x26   B. P0SEL |= ˜0x46

  C. P0SEL &= 0x46   D. P0SEL &= ˜0x26

18. 将寄存器 P0SEL 的第 4 位、第 2 位和第 1 位置 1，同时不影响该寄存器的其他位，在 C 语言中的语句应该是（　　　）。

  A. P0SEL |= 0x16   B. P0SEL |= ˜0x16

  C. P0SEL &= 0x16   D. P0SEL &= ˜0x16

19. 下述 CC2530 控制代码实现的最终功能是（　　　）。

  P1DIR |= 0x03;

  P1 = 0x02;

  A. 让 P1_0 端口和 P1_1 端口输出高电平 B. 让 P1_0 端口和 P1_1 端口输出低电平

  C. 让 P1_0 端口输出高电平，P1_1 端口输出低电平

  D. 让 P1_0 端口输出低电平，P1_1 端口输出高电平

20. 下图中，要点亮 LED 灯，CC2530 正确的编程代码为（　　　）。

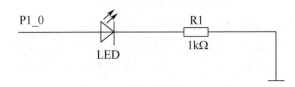

  A. P1DIR &= ˜0x01; P1_0 = 1   B. P1DIR &= ˜0x01; P1_0 = 0

  C. P1DIR |= 0x01;   P1_0 = 1   D. P1DIR |= 0x01;   P1_0 = 0

二、多项选择题

1. 下面关于 CC2530 端口的说法中，正确的是（　　　）。

  A. 每个数字 I/O 端口都可以通过编程对其进行配置

  B. 可以通过设置寄存器选择端口，确定是 I/O 端口还是外设功能

  C. CC2530 一共有 21 个数字 I/O 端口

  D. P0、P1 和 P2 端口组均有 8 个引脚可以使用

2. 下面关于 CC2530 端口的说法中，不正确的是（　　　）。

  A. P0 端口组有 5 个引脚   B. P1 端口组有 5 个引脚

  C. P2 端口组有 5 个引脚   D. P3 端口组有 5 个引脚

3. 要将 CC2530 的 P1_2 端口和 P1_4 端口配置成输出方式，可以采用以下代码（   ）。

    A.P1DIR = 0x14   B.P1DIR |= 0x14   C.P1DIR = ˜0x14   D.P1DIR &= ˜0x14

4. 以下不是 CC2530 端口 2 方向寄存器的是（   ）。

    A. P0DIR   B. P0SEL   C. P2DIR   D. P2SEL

5. 以下不是 CC2530 端口 0 的功能选择寄存器的是（   ）。

    A. P0SEL   B. P1SEL   C. P0DIR   D. P1DIR

模块三　GPIO 控制按键

任务一　按键的工作原理与程序设计思路

【任务要求】

（1）了解按键的类别、结构；

（2）掌握按键的扫描原理；

（3）理解去抖动原理。

【视频教程】

本任务视频教程，请扫描二维码 3-1。

二维码 3-1

【任务实现】

在单片机系统和嵌入式系统中，按键是一个常见的外部器件。要用好按键，写好按键相关的程序，首先要了解按键的基本结构和工作原理。

步骤 1：认识按键的类别

根据按键引脚的个数，将按键分为两个引脚和四个引脚两类。

（1）两个引脚的按键，如图 3-1 所示。

（2）四个引脚的按键，如图 3-2 所示。

图 3-1　两个引脚的按键　　　　　　图 3-2　四个引脚的按键

四个引脚的按键分别有两个引脚是短接的，本质上还是两个引脚。

步骤 2：理解按键的结构和原理

（1）按键的结构（如图 3-3 所示）。

按键的两个引脚，其一端接单片机，通过电阻上拉到高电平，另一端接地。在一些高级的单片机内部，如 STM32、CC2530 芯片里，可以通过寄存器的配置，在单片机或微处理器的内部配置一个上拉电阻，这种处理器就不需要外接上拉电阻。如果用的是 51 单片机，就没

图 3-3　按键的结构

有这种内部结构，需要在单片机的外部接一个上拉电阻，目的就是将这个引脚上拉到高电平。这样，在没有信号输入的情况下，使单片机的这个引脚保持稳定的高电平状态。当有按键按下时，按键直接接地，两个金属片将两个引脚连接起来，这样单片机就直接接地了，输入信号由

高电平变为低电平。

当没有按键按下时，输入引脚为高电平；当有按键按下时，输入引脚为低电平。因此，通过按键引脚状态来判断按键是按下状态，还是非按下状态。

（2）按键扫描原理。

在设计按键扫描程序时，反复读取按键输入引脚的电平信息，通过信号的高低电平来判断按键处于按下状态还是非按下状态。通过判断电平状态来识别按键状态，是按键程序设计的基本思路。

步骤 3：按键去抖动处理

当按键按下时，输入引脚一定有低电平生产；但是输入引脚有低电平生产并不一定有按键按下，也许是干扰信号引起的低电平。这种干扰信号引起的低电平是不需要的，它会对操作产生误导。因此，需要对这个干扰信号进行处理，过滤掉这些干扰信号，常用的方法是去抖动处理。

（1）按键抖动产生的原因。产生抖动的原因可能是按键极快地动了一下，就像按键抖动了一下，或者电源干扰等其他因素产生一个短暂的低电平信号，实际情况可能更复杂。过滤掉这些干扰信息，才能获得真实的按键触发信号。

（2）去抖动。去抖动处理是根据干扰信号持续时间非常短的特性，将这些干扰信号过滤掉，从而获得真实的按键触发信号。

首先要理解正常按键信号和干扰信号的不同，如图 3-4 所示。

图 3-4 　按键信号和干扰信号

按键按下时的低电平，其持续时间比较长；而干扰信号的低电平持续时间非常短，是一瞬间。

（3）去抖动原理。通过多次检测按键输入引脚电平的方法去抖动。当检测到按键输入引脚有低电平后，稍做延时，再次读取该引脚：如果还是低电平，则确认为按键触发信号；否则，判断为干扰信号，不予处理。

通过去抖动处理，过滤掉非常短的低电平信号。

步骤 4：按键扫描的基本原理小结

（1）电路连接：按键的两个引脚，一端通过上拉电阻接到高电平，另一端接地。

（2）信号特征：没有按键按下时，输入引脚为高电平；当有按键按下时，输入引脚为低电平。

（3）扫描原理：通过反复读取按键输入引脚的信号，识别出高低电平来判断是否有按键触发信号。

（4）按键去抖动：当检测到按键输入引脚有低电平后，稍做延时，再次读取该引脚：如果还是低电平，就确认为按键触发信号；否则，判断为干扰信号，不予处理。

任务二　按键控制 LED 灯

【任务要求】

（1）设计端口初始化函数 Init_Port()，配置 4 个 LED 灯（LED3～LED6，即 D3～D6）与 2 个按键（SW1、SW2）的引脚。

（2）设计灯光测试函数 LED_Check()，同时点亮 4 个 LED 灯，延时一会儿，4 个 LED 灯熄灭（LED 灯高电平点亮）。

（3）设计按键扫描函数 Scan_Keys()，按键 SW1 按下/松开后，切换 D4 灯（LED4）的开关状态；按键 SW2 按下/松开后，切换 D6 灯（LED6）的开关状态。

（4）理解按键扫描的基本原理。

【视频教程】

本任务的视频教程请扫描二维码 3-2。

二维码 3-2

【任务准备】

（1）已经安装的 IAR 集成开发环境；

（2）CC2530 开发板（XMF09B）；

（3）SmartRF04EB 仿真器；

（4）XMF09B 电路原理图；

（5）CC2530 中文数据手册。

【任务实现】

步骤 1：绘制任务电路简图

根据 CC2530 电路图画出本任务电路简图，如图 3-5 所示。

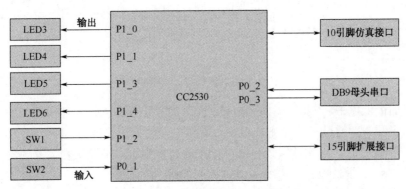

图 3-5　按键控制 LED 灯电路简图

步骤 2：创建文件夹

创建保存项目的文件夹，名称是"按键控制 LED 灯"。

步骤 3：工程基础环境设置

（1）新建工作区（Workspace）。

（2）在工作区中创建工程（Project），工程名称为"按键控制 LED 灯"。

（3）配置工程参数（Options）。

① 指定芯片型号为 Texas Instruments 公司的 CC2530F256.i51；

② 设置仿真器参数为"Texas Instruments"。

（4）新建 C 代码文件，文件名称是"按键控制 LED 灯.c"，并保存文件。

（5）将代码文件添加到工程中。

（6）编写基础代码。

```
#include "ioCC2530.h"
```

```
void main()
{
    while(1)
    {
    }
}
```

保存工作区，名称为"按键控制 LED 灯工作区"。编译，当出现"Done. 0 error(s), 0 warning(s)"时，说明工程基础环境设置正常。

步骤 4：宏定义 LED 灯和按键

（1）宏定义 LED 灯。根据电路简图对 LED 灯进行宏定义。

```
#define D3 P1_0
#define D4 P1_1
#define D5 P1_3
#define D6 P1_4
```

（2）宏定义按键。根据电路简图对按键进行宏定义。

```
#define SW1 P1_2
#define SW2 P0_1
```

步骤 5：编写端口初始化函数

```
void Init_Port()
{
    //配置 4 个 LED 灯的引脚

    //配置 SW1 按键引脚

    //配置 SW2 按键引脚

}
```

（1）配置 4 个 LED 灯的引脚，就是配置端口功能选择寄存器 PxSEL 和端口方向寄存器 PxDIR。

① 配置端口功能选择寄存器 PxSEL。根据 CC2530 数据手册，将 P1_0、P1_1、P1_3 和 P1_4 设置为通用 I/O 端口，第 0、1、3、4 位置 0，即：

$$0000\ 0000 \rightarrow 0001\ 1011 \rightarrow 0x1B$$

$$P1SEL\ \&=\ \tilde{\ }0x1B$$

② 配置端口方向寄存器 PxDIR。根据 CC2530 数据手册，将 P1_0、P1_1、P1_3 和 P1_4 端口设置为输出端口，第 0、1、3、4 位置 1，即：

$$0000\ 0000 \rightarrow 0001\ 1011 \rightarrow 0x1B$$

$$P1DIR\ \ |=0x1B$$

（2）配置 SW1 按键引脚，就是配置端口功能选择寄存器 PxSEL、端口方向寄存器 PxDIR 和引脚的上拉模式。

① 配置端口功能选择寄存器 PxSEL。SW1 接到 P1_2 引脚，因此配置的是端口功能选择寄存器 P1SEL，将 P1_2 端口配置为通用 I/O 端口。配置通用 I/O 端口是将端口置 0，即：

$$0000\ 0000 \rightarrow 0000\ 0100 \rightarrow 0x04$$

$$P1SEL\ \&=\ ^\sim0x04$$

② 配置端口方向寄存器 PxDIR。配置 SW1 按键输入方向。根据 CC2530 数据手册，P1DIR 端口方向输入模式是置 0 操作，即将 P1_2 端口设置为 0 输入模式，也就是第 2 位置 0，即：

$$0000\ 0000 \rightarrow 0000\ 0100 \rightarrow 0x04$$

$$P1DIR\ \&=\ ^\sim0x04$$

③ 配置引脚的上拉模式。首先，配置 SW1 按键引脚的上拉/下拉模式，由于 SW1 按键连接到 P1_2 端口，因此上拉/下拉模式由 P1INP 设置。使用关键字"P1INP"搜索 CC2530 数据手册，P1INP 端口 1 输入模式如表 3-1 所示。

表 3-1 P1INP 端口 1 输入模式

位	名称	复位	操作	描　　述
7～2	MDP1_[7:2]	0000 00	R/W	P1_7 到 P1_2 的 I/O 输入模式。 0：上拉/下拉（见 P2INP 端口 2 输入模式） 1：三态
1～0	—	00	RO	不使用

可见置 0 是上拉/下拉模式，即：

$$0000\ \ 0000 \rightarrow 0000\ 0100 \rightarrow 0x04$$

$$P1INP\ \&=\ ^\sim0x04$$

其次，设置 SW1 按键引脚的上拉模式。根据 CC2530 数据手册，P2INP 端口 2 输入模式如表 3-2 所示。

表 3-2 P2INP 端口 2 输入模式

位	名称	复位	操作	描　　述
7	PDUP2	0	R/W	端口 2 上拉/下拉选择。对所有端口 2 引脚设置为上拉/下拉输入。 0：上拉 1：下拉
6	PDUP1	0	R/W	端口 1 上拉/下拉选择。对所有端口 1 引脚设置为上拉/下拉输入。 0：上拉 1：下拉
5	PDUP0	0	R/W	端口 0 上拉/下拉选择。对所有端口 0 引脚设置为上拉/下拉输入。 0：上拉 1：下拉
4～0	MDP2_[4:0]	0 0000	R/W	P2_4 到 P2_0 的 I/O 输入模式。 0：上拉/下拉 1：三态

由表 3-2 可知，P2INP 高 3 位中的第 6 位置 0 是端口 1 上拉模式，即：

$$0000\ 0000 \rightarrow 0100\ 0000 \rightarrow 0x40$$

$$P2INP\ \&=\ ^\sim0x40$$

（3）配置 SW2 按键引脚。与配置 SW1 按键基本相同，也是配置端口功能选择寄存器 PxSEL、端口方向寄存器 PxDIR 和引脚的上拉模式。

① 设置 SW2 按键的通用 I/O 端口。SW2 接到 P0_1 引脚，因此配置的是端口功能选择寄存器 P0SEL。P0SEL 寄存器属于 P0 端口组，应将 P0_1 引脚（端口）置 0，进行逻辑与运算，即：

$$0000\ 0000 \rightarrow 0000\ 0010 \rightarrow 0x02$$
$$P0SEL\ \&=\ \tilde{}\ 0x02$$

② 配置端口方向寄存器 PxDIR。按键 SW2 端口方向是输入，端口输入模式是置 0，即：

$$0000\ 0000 \rightarrow 0000\ 0010 \rightarrow 0x02$$
$$P0DIR\ \&=\ \tilde{}\ 0x02$$

③ 配置 SW2 按键的上拉模式。配置 SW2 按键引脚的上拉/下拉模式，由于按键 SW2 连接到 P0_1 端口，因此上拉/下拉模式通过 P0INP 设置。P0INP 置 0 就是上拉/下拉的 I/O 输入模式，即：

$$0000\ 0000 \rightarrow 0000\ 0010 \rightarrow 0x02$$
$$P0INP\ \&=\ \tilde{}\ 0x02$$

设置 SW2 按键引脚的上拉模式。P2INP 第 5 位对应的是 P0 端口组（端口 0），因此将寄存器的第 5 位置 0 就是上拉模式。即：

$$0000\ 0000 \rightarrow 0010\ 0000 \rightarrow 0x20$$
$$P2INP\ \&=\ \tilde{}\ 0x20$$

（4）完整端口初始化函数如下：

```
void Init_Port()
{
    P1SEL &= ~0x1B;        //配置 4 个 LED 灯的引脚
    P1DIR |= 0x1B;

    P1SEL &= ~0x04;        //配置 SW1 按键引脚
    P1DIR &= ~0x04;

    P1INP &= ~0x04;
    P2INP &= ~0x40;

    P0SEL &= ~0x02;        //配置 SW2 按键引脚
    P0DIR &= ~0x02;

    P0INP &= ~0x02;
    P2INP &= ~0x20;
}
```

步骤 6：编写 LED 灯光检测函数

编写 LED 灯光检测函数。4 个 LED 灯同时点亮，延时一会儿，4 个 LED 灯同时熄灭。

```
void  LED_Check()
{
    D3 = 1;
    D4 = 1;
```

```
            D5 = 1;
            D6 = 1;
            Delay(60000);
            Delay(60000);
            D3 = 0;
            D4 = 0;
            D5 = 0;
            D6 = 0;
            Delay(60000);
            Delay(60000);
        }
```

步骤 7: 编写按键扫描函数

根据本模块任务一所讲的按键扫描原理, 反复读取按键的输入引脚, 对读取的信号进行判断。如果有低电平产生, 就认为有按键按下, 做去抖动处理。再次读取信号, 如果仍然是低电平, 则认为是人为按下按键触发的低电平, 判定是按键被按下。

```
void Scan_Keys()
{
  if(SW1 == 0)                  //判断 SW1 是否按下, 即有低电平产生
  {
      Delay(200);              //认为可能有按键按下, 延时, 去抖动
      if(SW1 == 0)             //如果还是低电平, 判定按键被按下
      {
        while(SW1 ==0);         //进入按键处理程序。当按键按下时, 会持续低电平, 按键松
        {                          开, 退出循环
          D4 = ~D4;             //切换 D4 灯的开关状态
        }
      }
  }
  if(SW2 == 0)                  //判断 SW2 是否按下, 即有低电平产生
  {
      Delay(200);              //延时, 去抖动
      if(SW2 == 0)             //如果还是低电平, 判定按键被按下
      {
        //进入按键处理程序。当按键按下时, 会持续低电平, 按键松开, 退出循环
        while(SW2 ==0);
        {
          D6 = ~D6; //切换 D6 灯的开关状态
        }
      }
  }
}
```

步骤 8: 编写延时函数

```
void Delay(unsigned int t)
{
```

```
    while(t--);
}
```

步骤 9：编写主函数

根据任务要求编写主函数代码。

```
void main()
{
    Init_Port();
    LED_Check();
    while(1)
    {
        Scan_Keys();
    }
}
```

编译运行。

【任务代码】

```
#include "ioCC2530.h"

#define D3 P1_0
#define D4 P1_1
#define D5 P1_3
#define D6 P1_4

#define SW1 P1_2
#define SW2 P0_1
/****************************************************************
函数名称：Delay()
功能：简单延时
****************************************************************/
void Delay(unsigned int t)
{
    while(t--);
}
/****************************************************************
函数名称：Init_Port()
功能：端口初始化
****************************************************************/
void Init_Port()
{
    P1SEL &= ~0x1B;     //配置 4 个 LED 灯
    P1DIR |= 0x1B;

    P1SEL &= ~0x04;     //配置 SW1 按键
    P1DIR &= ~0x04;
```

```
    P1INP &= ~0x04;
    P2INP &= ~0x40;

    P0SEL &= ~0x02;        //配置 SW2 按键
    P0DIR &= ~0x02;

    P0INP &= ~0x02;
    P2INP &= ~0x20;
}
/**********************************************************
函数名称：LED_Check()
功能：LED 灯光检测
**********************************************************/
void   LED_Check()
{
    D3 = 1;
    D4 = 1;
    D5 = 1;
    D6 = 1;
    Delay(60000);
    Delay(60000);
    Delay(60000);
    Delay(60000);
    D3 = 0;
    D4 = 0;
    D5 = 0;
    D6 = 0;
    Delay(60000);
    Delay(60000);
    Delay(60000);
    Delay(60000);
}

/**********************************************************
函数名称：Scan_Keys()
功能：扫描按键
**********************************************************/
void Scan_Keys()
{
  if(SW1 == 0)            //判断 SW1 是否按下，即有低电平产生
  {
    Delay(200);          //延时，去抖动。
    if(SW1 == 0)          //如果还是低电平，判定按键被按下
    {
        //进入按键处理程序。当按键按下时，会持续低电平,按键松开，退出循环
```

```
            while(SW1 ==0);
            {
                D4 = ~D4;        //切换 D4 灯的开关状态
            }
        }
    }

    if(SW2 == 0)                //判断 SW2 是否按下，即有低电平产生
    {
     Delay(200);                //认为可能有按键按下，延时去抖动
     if(SW2 == 0)               //如果还是低电平，判定按键被按下
        {
            //进入按键处理程序。当按键按下时，会持续低电平，按键松开，退出循环。
            while(SW2 ==0);
            {
                D6 = ~D6;        //切换 D4 灯的开关状态
            }
        }
    }
}
/*************************************************************
函数名称：main()
功能：程序的入口
*************************************************************/
void main()
{
  Init_Port();
  LED_Check();
  while(1)
    {
        Scan_Keys();
    }
}
```

任务三　按键控制跑马灯的运行与暂停

【任务要求】

（1）程序开始时 4 个 LED 灯全亮一会儿，然后全熄灭一会儿，开始进入跑马灯。

（2）跑马灯运行过程为：D4 灯（LED4）亮，其余熄灭，延时；D3 灯（LED3）亮，其余熄灭，延时；D6 灯（LED6）亮，其余熄灭，延时；D5 灯（LED5）亮，其余熄灭，延时……如此反复。

（3）按下 SW1 按键并松开后，跑马灯暂停保留当前状态；再次按 SW1 按键并松开后，从

当前状态停留处继续运行跑马灯。按下 SW1 按键时，不能打断跑马灯的运行。

【视频教程】

本任务的视频教程，请扫描二维码 3-3。

【任务准备】

（1）已经安装的 IAR 集成开发环境；

（2）CC2530 开发板（XMF09B）；

（3）SmartRF04EB 仿真器；

（4）XMF09B 电路原理图；

（5）CC2530 中文数据手册。

【任务实现】

步骤 1：绘制任务的电路简图

根据 CC2530 电路图画出本任务电路简图，如图 3-6 所示。

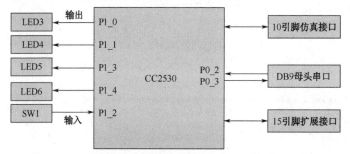

图 3-6　按键控制跑马灯的运行与暂停电路简图

步骤 2：创建文件夹

创建保存项目的文件夹，名称是"按键控制跑马灯运行与暂停"。

步骤 3：工程基础环境设置

（1）打开 IAR 开发环境，新建工作区。

（2）在工作区中创建工程，工程名称为"按键控制跑马灯运行与暂停"。

（3）配置工程 Options 参数。

① 指定芯片型号是 Texas Instruments 公司的 CC2530F256.i51；

② 设置仿真器参数是"Texas Instruments"。

（4）新建 C 代码文件，保存文件，文件名称是"按键控制跑马灯运行与暂停.c"。

（5）将代码文件添加到工程中。

（6）编写基础代码。

```
#include "ioCC2530.h"

void main()
{
  while(1)
  {
  }
}
```

（7）编译。编译时要保存工作区，名称是"按键控制跑马灯运行与暂停工作区"。编译后出现"Done. 0 error(s), 0 warning(s)"时，说明工程基础环境设置正常。

步骤 4：宏定义 LED 灯和按键

（1）宏定义 LED 灯。根据电路简图对 4 个 LED 灯进行宏定义。

```
#define D3 P1_0
#define D4 P1_1
#define D5 P1_3
#define D6 P1_4
```

（2）宏定义按键。根据电路简图对按键进行宏定义。

```
#define SW1 P1_2
```

步骤 5：编写延时函数

```
void Delay(unsigned int t)
{
    while(t--);
}
```

步骤 6：编写端口初始化函数

只要是输出高低电平的端口，都要进行初始化，主要是配置端口的引脚。

```
void Init_Port()
{
    //配置 4 个 LED 灯的引脚

    //配置 SW1 按键引脚

}
```

（1）配置 4 个 LED 灯的引脚，就是配置端口功能选择寄存器 PxSEL 和端口方向寄存器 PxDIR。

① 将 P1_0、P1_1、P1_3 和 P1_4 设置为通用 I/O 端口，也就是将第 0、1、3、4 位置 0，即：

$$0000\ 0000 \to 0001\ 1011 \to 0x1B$$
$$P1SEL\ \&=\ \tilde{}\ 0x1B$$

② 配置端口方向寄存器 PxDIR。将 P1_0、P1_1、P1_3 和 P1_4 端口设置为输出方向端口，也就是将 0、1、3、4 位置 1，即：

$$0000\ 0000 \to 0001\ 1011 \to 0x1B$$
$$P1DIR\ \ |=0x1B$$

（2）配置 SW1 按键引脚，也就是配置端口功能选择寄存器 PxSEL、端口方向寄存器 PxDIR 和引脚的上拉模式。

① 配置端口功能选择寄存器 PxSEL。将 P1_2 端口配置为通用 I/O 端口。配置通用 I/O 就是将该端口置 0，即：

$$0000\ 0000 \to 0000\ 0100 \to 0x04$$
$$P1SEL\ \&=\ \tilde{}\ 0x04$$

② 配置端口方向寄存器 PxDIR。配置 SW1 按键输入方向。P1DIR 设置为输入方向，也就是置 0（输出是置 1，输入是置 0），即：

$$0000\ 0000 \rightarrow 0000\ 0100 \rightarrow 0x04$$

$$P1DIR\ \&=\ ^\sim0x04$$

③ 引脚的上拉模式。

首先，配置 SW1 按键引脚的上拉/下拉模式，这里置 0 是上拉/下拉模式，即：

$$0000\ 0000 \rightarrow 0000\ 0100 \rightarrow 0x04$$

$$P1INP\ \&=\ ^\sim0x04$$

确定上拉模式，将 P2INP 的第 6 位置 0，就完成上拉设置，即：

$$0000\ 0000 \rightarrow 0100\ 0000 \rightarrow 0x40$$

$$P2INP\ \&=\ ^\sim0x40$$

（4）完整端口初始化函数如下：

```
void Init_Port()
{
    P1SEL &= ~0x1B;        //配置 4 个 LED 灯的引脚
    P1DIR |= 0x1B;

    P1SEL &= ~0x04;        //配置 SW1 按键引脚
    P1DIR &= ~0x04;
    P1INP &= ~0x04;
    P2INP &= ~0x40;
}
```

步骤 7：编写灯光检测函数

（1）编写灯光检测函数。4 个 LED 灯都在 P1 端口组，可以对端口组进行同时置 1 操作。即：

$$0000\ 0000 \rightarrow 0001\ 1011 \rightarrow 0x1B$$

```
void  LED_Check()
{
    P1 |= 0x1B;
    Delay(60000);
    Delay(60000);
    P1 &= ~0x1B;
    Delay(60000);
    Delay(60000);
}
```

（2）编写主函数。

```
void main()
{
    Init_Port();
    while(1)
    {
        LED_Check();
    }
}
```

（3）编译测试 LED 灯函数

如果 4 个 LED 灯不停地闪烁，端口初始化函数 Init_Port()和灯光检测函数 LED_Check() 编写正确。

步骤 8：编写跑马灯函数

（1）根据任务要求，编写跑马灯函数代码。

```
void LED_Running()
{
  D4 = 1;
  D3 = 0;
  D6 = 0;
  D5 = 0;
  Delay(60000);
  D4 = 0;
  D3 = 1;
  D6 = 0;
  D5 = 0;
  Delay(60000);
  D4 = 0;
  D3 = 0;
  D6 = 1;
  D5 = 0;
  Delay(60000);
  D4 = 0;
  D3 = 0;
  D6 = 0;
  D5 = 1;
  Delay(60000);
}
```

（2）编写主函数代码。

```
void main()
{
    Init_Port();
    LED_Check();
    while(1)
    {
        LED_Running();
    }
}
```

（3）编译，测试跑马灯。如果跑马灯跑起来，说明跑马灯函数 LED_Running()代码编写正确。

步骤 9：编写按键扫描函数

（1）根据任务要求，编写键盘扫描函数 Scan_Keys()。

```
//定义标志位
unsigned char F_LED = 0;
//根据任务要求，实现跑马灯
void Scan_Keys()
{
if(SW1 == 0)
  {
    Delay(200);                //去抖动
    if(SW1 == 0)
    {
      while(SW1 == 0);
      if(F_LED == 0)           //如果是暂停状态
      {
        F_LED = 1;             //就启动
      }
      else if(F_LED == 1)      //如果是启动状态
      {
        F_LED = 0;             //就暂停
      }    //这样通过SW1按键实现启动、暂停，通过修改跑马灯的标志位来实现这个功能
    }
  }
}
```

步骤 10：修改 LED_Running 函数

（1）定义时间片，将跑马灯的延时 60 000 个时间单位拆分为 60 个时间单位，执行 1 000 次 60 个时间单位就相当于 60 000 个时间单位了。每执行完 60 个时间单位就检测一下是否有按键按下，如果有就暂停，没有就继续执行第二次 60 个时间单位，一直执行 1 000 次 60 个时间单位。如果还没有按键按下，就执行第二次 60 000 个时间单位，循环往复。这样既可以选择跑马灯的功能，又可以查询按键的状态，这就是时间片的概念。将一个原来的一段时间，拆分成更小的多个时间段。每执行一小段时间，就去干别的事情，完成后回来继续执行；又去干别的事情，完成后再回来继续执行。这是一种常见的编程思想。

本程序重点不是按键会不会配置、跑马灯程序会不会写，而是能不能用这种时间片的思维来解决对按键和跑马灯的综合运用。

延时 60 个时间单位，需要执行 1 000 次，且需要有一个统计变量来统计共执行了多少时间片，为此定义一个计数变量 count。每执行一次函数就是执行一个时间片，然后执行 count++；因为灯的点亮顺序是固定的，而且前后是衔接的。

如果 0 < count < 1000，点亮 D4 灯。由于是按顺序执行的，则点亮 D3 时，count 的范围是 1000 ≤ count < 2000；点亮 D6 时，count 的范围是 2000 ≤ count < 3000；点亮 D5 时，count 的范围是 3000 ≤ count < 4000。如果 count > 4000，count = 0，又回到点亮 D4 灯，如此循环。

暂停，LED_Running 函数一直在运行。暂停是指当 count 不再累加时，LED 灯一直点亮。这时定义一个标志位 F_LED 来决定 count 是否累加，并且这个标志位 F_LED 由按键来控制。在主函数内，当端口初始化函数 Init_Port() 和灯光检测函数 LED_Check() 后的标志位 F_LED = 1 时，跑马灯就可以运行了。因此，当标志位 F_LED = 1 时，执行 count++；当标志位 F_LED 不

等于 1 时，count 就什么事情都不做。不改变 count 状态，LED 灯的运行状态就不会改变，保持暂停状态。如果需要继续运行，则开始执行 count++，标志位 F_LED 又等于 1。

（2）修改跑马灯函数。

```
//定义计数器
unsigned int count = 0;
void LED_Running()
{
  Delay(60);
  if(F_LED == 1)
  {
    count++;
  }
  if(count < 1000)
  {
      D4 = 1;
      D3 = 0;
      D6 = 0;
      D5 = 0;
  }
  else if(count < 2000)
  {
      D4 = 0;
      D3 = 1;
      D6 = 0;
      D5 = 0;
  }
  else if(count < 3000)
  {
      D4 = 0;
      D3 = 0;
      D6 = 1;
      D5 = 0;
  }
  else if(count < 4000)
  {
      D4 = 0;
      D3 = 0;
      D6 = 0;
      D5 = 1;
  }
  else
  {
    count = 0;
  }
```

```
}
```

（3）编写主函数。

```
void main()
{
    Init_Port();
    LED_Check();
    F_LED = 1;
    while(1)
    {
        LED_Running();
        Scan_Keys();
    }
}
```

（4）编译运行，跑马灯会跑起来。当按键按下时会暂停，松开再按下时会继续运行。

（5）解决按键按下后继续运行，松开后暂停的问题。在 Scan_Keys()中，在等待的时候运行跑马灯程序。将语句

```
while(SW1 == 0);
```

修改为：

```
while(SW1 == 0)
    {
        LED_Running();          //等待的时候执行跑马灯程序
    }
```

（6）编译运行，跑马灯会跑起来。按键按下时会暂停，松开时继续运行。

【任务代码】

```
#include "ioCC2530.h"

#define D3 P1_0
#define D4 P1_1
#define D5 P1_3
#define D6 P1_4

#define SW1 P1_2
unsigned char F_LED = 1;
unsigned int count = 0;
/************************************************************
函数名称：Delay()
功能：简单延时
*************************************************************/
void Delay(unsigned int t)
{
    while(t--);
}
```

```
/*************************************************************
函数名称：Init_Port()
功能：端口初始化
*************************************************************/
void Init_Port()
{
  //LED 灯引脚初始化
  P1SEL &= ~0x1B;        //将 P1_0、P1_1、P1_3 和 P1_4 设为通用 I/O 端口
  P1DIR |= 0x1B;         //将 P1_0、P1_1、P1_3 和 P1_4 设为输出方向
  P1 &= ~0x1B;           //将 P1_0、P1_1、P1_3 和 P1_4 设为输出低电平
  //按键 SW2 引脚初始化
  P0SEL &= ~0x02;        //将 P0_1 设为通用 I/O 端口
  P0DIR &= ~0x02;        //将 P0_1 设为输入方向
  P0INP &= ~0x02;        //将 P0_1 配置为：上拉/下拉
  P2INP &= ~0x20;        //将 P0_1 配置为：上拉
}
/*************************************************************
函数名称：LED_Check()
功能：LED 灯光检测函数
*************************************************************/
void LED_Check()
{
  P1 |= 0x1B;                    //同时点亮 4 个 LED 灯
  Delay(60000);                  //延时
  Delay(60000);
  P1 &= ~0x1B;                   //同时熄灭 4 个 LED 灯
  Delay(60000);                  //延时
  Delay(60000);
}
/*************************************************************
函数名称：LED_Running()
功能：控制 LED 跑马灯
*************************************************************/
void LED_Running()
{
  Delay(60);                     //时间片间隔
  if(F_LED == 1)                 //如果当前状态为：运行
  {
    count++;                     //时间片累计，跑马灯控制向前推进
  }
  if( count<1000)
  {
    D4 = 1;
    D3 = 0;
    D6 = 0;
    D5 = 0;
```

```
        }
        else if( count<2000)
        {
          D4 = 0;
          D3 = 1;
          D6 = 0;
          D5 = 0;
        }
        else if( count<3000)
        {
          D4 = 0;
          D3 = 0;
          D6 = 1;
          D5 = 0;
        }
        else if( count<4000)
        {
          D4 = 0;
          D3 = 0;
          D6 = 0;
          D5 = 1;
        }
        else
        {
          count = 0;
        }
}
/*************************************************************
函数名称：Scan_Keys()
功能：扫描按键
*************************************************************/
void Scan_Keys()
{
  if(SW1 == 0)
  {
    Delay(200);              //去抖动处理
    if(SW1 == 0)             //确认按键按下
    {
      while(SW1 == 0)        //等待按键松开
      {
        LED_Running();       //在等待的过程中不打断跑马灯运行
      }

      if(F_LED == 0)         //如果当前为：暂停
      {
```

```
        F_LED = 1;                  //将标志变量切换为：运行
      }
      else if(F_LED == 1)       //如果当前为：运行
      {
        F_LED = 0;                  //将标志变量切换为：暂停
      }
    }
  }
}
/*************************************************************
函数名称：main()
功能：程序的入口
*************************************************************/
void main()
{
  Init_Port();                    //端口初始化
  LED_Check();                    //灯光检测
  while(1)
  {
    LED_Running();                //循环控制跑马灯
    Scan_Keys();                  //循环扫描按键
  }
}
```

任务四　普通延时函数实现按键的长按与短按

【任务要求】

（1）定义一个普通的延时函数 Delay() 和一个计算时间的变量 count。

（2）在按键扫描函数中，当 SW1 按下时，不断调用延时函数 Delay() 并对调用的次数进行累计，保存在 count 变量中。

（3）当 SW1 松开时，停止调用延时函数 Delay()，对 count 变量进行判断，大于某个阈值是长按，否则是短按。

【任务准备】

（1）已经安装的 IAR 集成开发环境；

（2）CC2530 开发板（XMF09B）；

（3）SmartRF04EB 仿真器；

（4）XMF09B 电路原理图；

（5）CC2530 中文数据手册。

【任务实现】

步骤 1：绘制任务电路简图

根据 CC2530 电路图画出本任务电路简图，如图 3-7 所示。

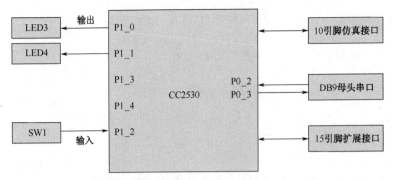

图 3-7　普通延时函数实现按键的长按与短按电路简图

步骤 2：设置工程的基础环境

（1）新建空的文件夹，名称为"函数实现按键的长按与短按"。

（2）打开 IAR 软件，新建一个工作区。

（3）在工作区内，新建一个空的工程，保存到新建的文件夹中，工程名称为"函数实现按键的长按与短按.ewp"。

（4）配置芯片型号为 Texas Instruments 公司的 CC2530F256.i51。

（5）配置仿真器，仿真器驱动程序设置为"Texas Instruments"。

（6）新建代码文件，保存代码文件为"函数实现按键的长按与短按.c"。

（7）将代码文件"函数实现按键的长按与短按.c"添加到工程中。

（8）编写基础代码。

```
#include "ioCC2530.h"

void main()
{
  while(1)
  {
  }
}
```

编译，保存工作区，名称为"普通延时函数实现按键的长按与短按工作区"。当出现"Done. 0 error(s), 0 warning(s)"时说明工程基础环境设置正常。

步骤 3：编写宏定义 LED 灯和按键代码

（1）宏定义 LED 灯。根据电路简图对 LED 灯 D3 和 D4 进行宏定义。

```
#define D3 P1_0
#define D4 P1_1
```

（2）宏定义按键。根据电路简图对按键进行宏定义。

```
#define SW1 P1_2
```

步骤 4：编写延时函数

```
void Delay(unsigned int t)
{
  while(t--);
}
```

步骤 5：编写端口初始化函数和主函数

（1）编写端口初始化函数。

```
void Init_Port()
{
    P1SEL &= ~0x03;      //将 P1_0 和 P1_1 设置为通用 I/O 端口
    P1DIR |= 0x03;       //将 P1_0 和 P1_1 设置为输出模式
    P1SEL &= ~0x04;      //将 P1_2 设置为通用 I/O 端口
    P1DIR &= ~0x04;      //将 P1_2 设置为输入模式
    P1INP &= ~0x04;      //将 P1_2 配置为：上拉/下拉
    P2INP &= ~0x40;      //将 P1_2 配置为：上拉
```

（2）编写主函数。

```
void main()
{
    Init_Port();         //初始化端口
    D3 = 1;
    D4 = 1;
    Delay(50000);
    D3 = 0;
    D4 = 0;
    while(1)
    {

    }
}
```

编译运行，验证端口初始化函数，如果程序编写正确，可以看到 D3 灯（LED3）、D4 灯（LED4）闪烁一下。

步骤 6：编写扫描按键函数

（1）宏定义变量和计数变量。

```
#define TT 20

unsigned int count = 0;
```

（2）扫描按键函数。

```
void Scan_Keys()
{
if(K1 == 0)
    {
    Delay(100);          //按键去抖动处理
    if(SW1 == 0)         //确认有按键按下
        {
        count = 0;       //延时计数变量置 0
        while(SW1 == 0)  //按键按下状态
            {
```

```
        Delay(10000);
        count++;        //计算按键按下的时间
      }
      if(count < TT)   //短按
      {
        D3 = ~D3;
      }
      else               //长按
      {
        D4 = ~D4;
      }
    }
  }
}
```

（3）编写主函数验证扫描按键。

```
void main()
{
Init_Port();        //初始化端口
  D3 = 1;
  D4 = 1;
  Delay(50000);
  D3 = 0;
  D4 = 0;
  while(1)
  {
      Scan_Keys();      //扫描按键
  }
}
```

（4）编译运行。

【任务代码】

```
#include "ioCC2530.h"

#define D3 P1_0
#define D4 P1_1

#define SW1 P1_2
#define TT 20

unsigned int count = 0;
/***********************************************************
函数名称：Delay()
功能：简单延时
***********************************************************/
```

```
void Delay(unsigned int t)
{
    while(t--);
}
/*******************************************************
函数名称: Init_Port()
功能: 端口初始化
*******************************************************/
void Init_Port()
{
    P1SEL &= ~0x03;     //将 P1_0 和 P1_1 设置为通用 I/O 端口
    P1DIR |= 0x03;      //将 P1_0 和 P1_1 设置为输出模式
    P1SEL &= ~0x04;     //将 P1_2 设置为通用 I/O 端口
    P1DIR &= ~0x04;     //将 P1_2 设置为输入模式
    P1INP &= ~0x04;     //将 P1_2 配置为: 上拉/下拉
    P2INP &= ~0x40;     //将 P1_2 配置为: 上拉
}

/*******************************************************
函数名称: Scan_Keys()
功能: 扫描按键
*******************************************************/
void Scan_Keys()
{
if(SW1 == 0)
    {
        Delay(100);          //按键去抖动处理
        if(SW1 == 0)         //确认有按键按下
        {
            count = 0;       //延时计数变量置 0
            while(SW1 == 0)  //按键按下状态
            {
                Delay(10000);
                count++;     //计算按键按下的时间
            }
            if(count < TT)   //短按
            {
                D3 = ~D3;
            }
            else             //长按
            {
                D4 = ~D4;
            }
        }
    }
}
```

```
/***********************************************************
函数名称：main()
功能：程序的入口
***********************************************************/
void main()
{
    Init_Port();            //初始化端口
    D3 = 1;
    D4 = 1;
    Delay(50000);
    D3 = 0;
    D4 = 0;
    while(1)
    {
        Scan_Keys();        //扫描按键
    }
}
```

任务五　普通延时函数实现按键的单击与双击

【任务要求】

单击按键 SW1 时，切换 D3 灯（LED3）的开关状态；双击按键 SW1 时，切换 D4 灯（LED4）的开关状态。

【任务准备】

（1）已经安装的 IAR 集成开发环境；

（2）CC2530 开发板（XMF09B）；

（3）SmartRF04EB 仿真器；

（4）XMF09B 电路原理图；

（5）CC2530 中文数据手册。

【任务实现】

1. 解题思路

（1）定义一个普通的延时函数 Delay()、一个计算时间的变量 count 和一个延时阈值 TT。

（2）当 SW1 第 1 次被按下时，等待按键松开，只要 count 小于 TT，就调用 Delay() 进行延时，累计 count 变量。

（3）在 count 小于 TT 时，若 SW1 按键再次被按下，则为双击按键。

（4）如果在 count 大于等于 TT 的延时过程中都没有第二次按键按下，则为单击按键。

2. 参考代码

```
#include "ioCC2530.h"

#define D3 P1_0
#define D4 P1_1
```

```c
#define K1 P1_2
#define TT 2000
unsigned int count = 0;
/****************************************************************
函数名称：Delay()
功能：简单延时
****************************************************************/
void Delay(unsigned int t)
{
  while(t--);
}
/****************************************************************
函数名称：Init_Port()
功能：端口初始化
****************************************************************/
void Init_Port()
{
  P1SEL &= ~0x03;      //将 P1_0 和 P1_1 设置为通用 I/O 端口
  P1DIR |= 0x03;       //将 P1_0 和 P1_1 设置为输出模式
  P1SEL &= ~0x04;      //将 P1_2 设置为通用 I/O 端口
  P1DIR &= ~0x04;      //将 P1_2 设置为输入模式
  P1INP &= ~0x04;      //将 P1_2 配置为：上拉/下拉
  P2INP &= ~0x40;      //将 P1_2 配置为：上拉
}
/****************************************************************
函数名称：Scan_Keys()
功能：扫描按键
****************************************************************/
void Scan_Keys()
{
if(K1 == 0)
  {
    Delay(100);        //按键去抖动处理
    if(K1 == 0)        //确认有按键按下
    {
      while(K1 == 0);
      while(count < TT)
      {
        Delay(100);
        count++;

        if(K1 == 0)          //双击处理
        {
          Delay(100);
          if(K1 == 0)
```

```
                {
                    while(K1 == 0);
                    D4 = ~D4;
                    count = 0;
                    break;
                }
            }
        }

        if(count >= TT)          //单击处理
        {
            D3 = ~D3;
            count = 0;
        }
        }
    }
}
/*****************************************************************
函数名称：main()
功能：程序的入口
*****************************************************************/
void main()
{
    Init_Port();          //初始化端口
    D3 = 1;
    D4 = 1;
    Delay(50000);
    D3 = 0;
    D4 = 0;
    while(1)
    {
        Scan_Keys();          //扫描按键
    }
}
```

习　　题

一、单项选择题

1. 通过判断按键的（　　）来区分按键的长按与短按。

    A. 按下力度　　　　　B. 按下时间　　　　　C. 按下次数　　　　　D. 按下速度

2. 在进行按键扫描处理的程序设计时，通过（　　）处理，可以减小外部信号的干扰。

    A. 去抖动　　　　　　B. 长按　　　　　　　C. 短按　　　　　　　D. 去干扰

3. 要将 CC2530 的 P1_2 引脚配置成下降沿中断触发方式，需要将 PICTL 寄存器的第 1 位置 1，则应使用的代码为（　　）。

A. PICTL &= ~0x02　　　　　　　　　　B. PICTL &= ~0x01

C. PICTL |= 0x01　　　　　　　　　　　D. PICTL |= 0x02

4. 某模块的 SW1 电路图如下图所示，如果中断以下降沿方式监测按键动作，那么在初始化端口时应当（　　）。

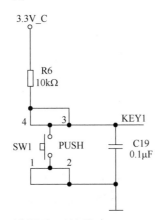

A. 把 P1_2 设置为下拉状态　　　　　B. 把 P1_2 设置为三态

C. 把 P1_2 设置为上拉状态　　　　　D. 把 P1_2 设置为任意状态

5. CC2530 头文件格式是（　　）。

A. #include "ioCC2530.h";　　　　　B. #include ioCC2530.h;

C. #include <ioCC2530.h>;　　　　　D. #include "ioCC2530.c";

6. 按键去抖动（消抖）的方法有两种：（　　）。

A. 硬件消抖和软件消抖　　　　　　B. 手动消抖和硬件消抖

C. 机械消抖和软件消抖　　　　　　D. 手动消抖和机械消抖

7. CC2530 电池板按键设计主要有哪两种按键？（　　）

A. 功能按键和复位按键　　　　　　B. A/D 按键和复位按键

C. A/D 按键和 I/O 按键　　　　　　D. A/D 按键和功能按键

8. 下列 CC2530 中不属于 I/O 端口输入模式的是（　　）。

A. 上拉　　　　B. 下拉　　　　C. 三态　　　　D. 中拉

9. 如何将端口 P1_2 设置成通用 I/O 端口的输入模式？（　　）

A. P0DIR |= 0x00;　　　　　　　　B. P0DIR |= 0x01;

C. P0DIR &= ~0x01;　　　　　　　　D. P1DIR &= ~0x04;

10. 如何将端口 P0_1 设置成通用 I/O 端口的输入模式？（　　）

A. P0DIR |= 0x00;　　　　　　　　B. P0DIR |= 0x01;

C. P0DIR &= ~0x02;　　　　　　　　D. P1DIR &= ~0x02;

11. 如何将端口 P0_1 的输入模式设置成上拉模式？（　　）

A. P0INP |= 0x00; P2INP |= 0x40;　　　　B. P0DIR |= 0x01; P2INP |= 0x40;

C. P0DIR &= ~0x02; P2INP &= ~0x20;　　　D. P1DIR &= ~0x04; P2INP &= ~0x40;

12. 如何将端口 P1_2 的输入模式设置成下拉模式？（　　）

A. P0INP |= 0x00; P2INP |= 0x40;　　　　B. P0DIR |= 0x01; P2INP |= 0x40;

C. P0DIR &= ~0x02; P2INP &= ~0x40;　　　D. P1DIR &= ~0x04; P2INP |= ~0x40;

13. 以下哪个是 CC2530 端口 0 方向寄存器？（　　）
   A. POSEL　　　　　B. PLSEL　　　　　C. PODIR　　　　　D. POINP

14. CC2530 芯片有几个引脚？（　　）
   A. 30　　　　　　B. 40　　　　　　C. 50　　　　　　D. 60

15. CC2530 需要在工程中将单片机型号做相应设置，下列单片机型号正确的是（　　）。
   A. CC2530F32.i51　　　　　　　　B. CC2530F64.i51
   C. CC2530F128.i51　　　　　　　D. CC2530F256.i51

16. CC2530 有（　　）个可编程数字 I/O 端口。
   A. 8　　　　　　　B. 21　　　　　　C. 32　　　　　　D. 40

17. 下列 CC2530 端口中，有 8 个引脚的是（　　）。
   A. P0　　　　　　B. P2　　　　　　C. P4　　　　　　D. P8

18. 下面关于 CC2530 端口的说法中，正确的是（　　）。
   A. P0 端口组有 5 个引脚　　　　　B. P1 端口组有 5 个引脚
   C. P2 端口组有 5 个引脚　　　　　D. P3 端口组有 5 个引脚

19. CC2530 中具有 20 mA 驱动能力的端口是（　　）。
   A. P0_0 和 P0_1　　B. P1_0 和 P1_1　　C. P0_2 和 P0_3　　D. P1_2 和 P1_3

20. CC2530 的 P1_0 和 P1_1 端口具有（　　）的驱动能力。
   A. 4mA　　　　　B. 8mA　　　　　C. 16mA　　　　　D. 20mA

21. CC2530 中的寄存器 PxSEL，其中 x 为端口的标号（　　）。
   A. 0～1　　　　　B. 0～2　　　　　C. 0～3　　　　　D. 0～4

22. CC2530 中的寄存器 PxDIR，其中 x 为端口的标号（　　）。
   A. 0～1　　　　　B. 0～4　　　　　C. 0～3　　　　　D. 0～2

23. CC2530 中的寄存器 PxSEL 用来设置 x 端口组的（　　）。
   A. 引脚编号　　　B. 功能　　　　　C. 引脚数量　　　　D. 方向

24. 以下寄存器中，（　　）是 CC2530 端口 1 的功能选择寄存器。
   A. P0DIR　　　　B. P0SEL　　　　C. P1DIR　　　　　D. P1SEL

25. 寄存器 P0SEL 可以设置 P0 端口的（　　）。
   A. 功能　　　　　B. 方向　　　　　C. 编号　　　　　　D. 大小

26. CC2530 中的寄存器 PxDIR 用来设置 x 端口组的（　　）。
   A. 引脚编号　　　B. 方向　　　　　C. 引脚数量　　　　D. 功能

27. 以下寄存器中，（　　）是 CC2530 端口 0 的方向寄存器。
   A. P0DIR　　　　B. P0SEL　　　　C. P1DIR　　　　　D. P1SEL

28. 寄存器 P1DIR 可以设置 P1 端口的（　　）。
   A. 功能　　　　　B. 方向　　　　　C. 编号　　　　　　D. 大小

29. P1DIR |= 0x02，是把（　　）端口设为输出模式。
   A. P0_2　　　　　B. P1_1　　　　　C. P1_2　　　　　　D. P1_0

30. P1DIR &= ~0x04，是（　　）。
   A. 把 P1_2 端口设置为输出模式　　　B. 把 P1_2 端口设置为输入模式
   C. 把 P1_4 端口设置为输出模式　　　D. 把 P1_4 端口设置为输入模式

31. P0SEL &= ~0x24，是把（   ）端口设为通用 I/O。

A. P0_5 和 P0_2   B. P0_2 和 P0_4   C. P1_5 和 P1_2   D. P1_2 和 P1_4

32. P1SEL &= ~0x42，是（   ）。

A. 把 P1_4 和 P1_2 端口设置成通用 I/O 功能

B. 把 P1_4 和 P1_2 端口设置成外设功能

C. 把 P1_6 和 P1_1 端口设置成通用 I/O 功能

D. 把 P1_6 和 P1_1 端口设置成外设功能

33. P1DIR |= 0x21，是（   ）。

A. 把 P1_5 和 P1_0 端口设置成输出模式

B. 把 P1_5 和 P1_0 端口设置成输入模式

C. 把 P1_2 和 P1_1 端口设置成输出模式

D. 把 P1_2 和 P1_1 端口设置成输入模式

34. 把 CC2530 的 P0_7 和 P0_2 端口设为通用 I/O 的程序语句是（   ）。

A. P0SEL &= ~0x84；   B. P0SEL &= ~0x72；

C. P0SEL |= 0x84；   D. P0SEL |= 0x72；

35. 把 CC2530 的 P0_6 和 P0_1 端口设为输出方向的程序语句是（   ）。

A. P0SEL&= ~0x42；   B. P0SEL &= ~0x61；

C. P0DIR |= 0x42；   D. P0SEL |= 0x61；

36. 把 CC2530 的 P1_4、P1_3 和 P1_2 端口设为通用 I/O 的程序语句是（   ）。

A. P1SEL &= ~0x1C；   B. P1SEL &= ~0x45；

C. P1SEL |= 0x1C；   D. P1SEL |= 0x45；

37. 把 CC2530 的 P1_4、P1_3 和 P1_2 端口设为输入方向的程序语句是（   ）。

A. P1DIR &= ~0x1C；   B. P1DIR &= 0x1C；

C. P1DIR |= ~0x1C；   D. P1DIR |= 0x1C；

38. 将寄存器 P0SEL 的第 6 位、第 3 位和第 2 位置 0，同时不影响该寄存器的其他位，在 C 语言中的语句应该是（   ）。

A. P0SEL |= 0x4C；   B. P0SEL |= ~0x4C；

C. P0SEL &= 0x4C；   D. P0SEL &= ~0x4C；

39. 将寄存器 P0SEL 的第 6 位、第 3 位和第 2 位置 1，同时不影响该寄存器的其他位，在 C 语言中的语句应该是（   ）。

A. P0SEL |= 0x4C；   B. P0SEL |= ~0x4C；

C. P0SEL &= 0x4C；   D. P0SEL &= ~0x4C；

二、多项选择题

1. 开发板上集成了哪些接口？（   ）

A. DS18B20 温度传感接口   B. 光敏传感接口

C. 热红外传感接口   D. 继电器接口

2. 下列哪些定时器有两个独立的比较通道？（   ）

A. 定时器 1   B. 定时器 2   C. 定时器 3   D. 定时器 4

3. 在以下振荡器的分类中，哪些是 CC2530 的振荡器分类类型？（   ）

A. 低频振荡器   B. 中频振荡器   C. 高频振荡器   D. 超频振荡器

4. 中断的作用是什么？（　　　）

    A. 提高 CPU 实际工作效率　　　　　　B. 实现实时处理

    C. 实现异常处理　　　　　　　　　　D. 实现硬件保护

5. CC2530 有一个内部系统时钟或主时钟，该系统时钟设备有两个高频振荡器，分别是（　　　）。

    A. 16 MHz 晶振　　　　　　　　　　B. 32 MHz 晶振

    C. 16 MHz RC 振荡器　　　　　　　D. 32 MHz RC 振荡器

模块四　中断原理及应用

任务一　CC2530 中断系统

【任务要求】

（1）了解 CC2530 中断、中断向量和中断源等概念；

（2）了解 CC2530 中断结构；

（3）掌握 CC2530 中断函数的结构；

（4）会使用 CC2530 数据手册查询中断信息。

【视频教程】

（1）中断的基本概念与执行过程视频教程请扫描二维码 4-1（a）。

（2）CC2530 的中断系统视频教程请扫描二维码 4-1（b）。

二维码 4-1（a）　　　　　　　二维码 4-1（b）

【任务实现】

步骤 1：理解中断

内核与外设之间的主要交互方式有两种：轮询和中断。

轮询方式工作效率低，不能及时响应紧急事件；而中断方式使内核具备了应对突发事件的能力。

在 CPU 执行当前程序时，由于系统中出现了某种急需处理的情况，CPU 暂停正在执行的程序，转而去执行另外一段特殊程序来处理出现的紧急任务。处理结束后，CPU 返回到原来暂停的程序中继续执行。这种在程序执行过程中由于外界的原因而被中间打断的情况，称为中断。

步骤 2：理解 CC2530 中断

（1）阅读 CC2530 数据手册"中断"部分。

（2）CC2530 中断系统。CC2530 有 18 个中断源，每个中断源都有属于自己的位于一系列 SFR 寄存器中的中断请求标志，相应标志位请求的每个中断可以分别使能或禁用。在 CC2530 数据手册"中断"部分中，中断源的定义和中断向量如表 4-1 所示。

表 4-1　中断源的定义和中断向量

中断号	描　　述	中断名称	中断向量	中断屏蔽，CPU	中断标志，CPU
0	RF TX FIFO 下溢或 RX FIFO 溢出	RFERR	03H	IEN0.RFERRIE	TCON.RFERRIF
1	ADC 转换结束	ADC	0BH	IEN0.ADCIE	TCON.ADCIF
2	USART0 接收完成	URX0	13H	IEN0.URX0IE	TCON.URX0IF
3	USART1 接收完成	URX1	1BH	IEN0.URX1IE	TCON.URX1IF
4	AES 加密/解密完成	ENC	23H	IEN0.ENCIE	S0CON.ENCIF
5	睡眠计时器比较	ST	2BH	IEN0.STIE	IRCON.STIF
6	端口 2 输入/USB	P2INT	33H	IEN2.P21E	IRCON2.P2IF
7	USART0 发送完成	UTX0	3BH	IEN2.UTX0IE	IRCON2.UTX0IF
8	DMA 传送完成	DMA	43H	IEN1.DMAIE	IRCON.DMAIF
9	定时器 1（16 位）捕获/比较/溢出	T1	4BH	IEN1.T1IE	IRCON.T1IF
10	定时器 2	T2	53H	IEN1.T2IE	IRCON.T2IF
11	定时器 3（8 位）捕获/比较/溢出	T3	5BH	IEN1.T3IE	IRCON.T3IF
12	定时器 4（8 位）捕获/比较/溢出	T4	63H	IEN1.T4IE	IRCON.T4IF
13	端口 0 输入	P0INT	6BH	IEN1.P0IE	IRCON.P0IF
14	USART1 发送完成	UTX1	73H	IEN2.UTX1IE	IRCON2.UTX1IF
15	端口 1 输入	P1INT	7BH	IEN2.P1IE	IRCON2.P1IF
16	RF 通用中断	RF	83H	IEN2.RFIE	SICON.RFIF
17	看门狗计时溢出	WDT	8BH	IEN2.WDTIE	IRCON2.WDTIF

CC2530 常用的中断如表 4-2 所示。

表 4-2　CC2530 常用中断

中断号	中断名称	中断描述	中断向量	ioCC2530.h 里有关向量的宏定义
0	RFERR	RF 发送完成或接收完成	03H	#defineRFEER__VECTOR　VECT（0,0x03）
1	ADC	ADC 转换结束	0BH	#defineADC__VECTOR　VECT（1,0x0B）
2	URX0	USART0 接收完成	13H	#defineURX0__VECTOR　VECT（2,0x13）
3	URX1	USART1 接收完成	1BH	#defineURX1__VECTOR　VECT（3,0x1B）
6	P2INT	I/O 端口 2 外部中断	33H	#defineP2INT__VECTOR　VECT（6,0x33）
7	UTX0	USART0 发送完成	3BH	#defineUTX0__VECTOR　VECT（7,0x3B）
9	T1	定时器 1 捕获/比较/溢出	4BH	#defineT1__VECTOR　VECT（9,0x4B）
13	P0INT	I/O 端口 0 外部中断	6BH	#defineP0INT__VECTOR　VECT（13,0x6B）
14	UTX1	USART1 发送完成	73H	#defineUTX1__VECTOR　VECT（14,0x73）
15	P1INT	I/O 端口 1 外部中断	7BH	#defineP1INT__VECTOR　VECT（15,0x7B）
17	WDT	看门狗定时溢出	8BH	#defineWDT__VECTOR　VECT（17,0x8B）

常用的中断主要有 ADC、串口 URX0 和 URX1、定时器 T1、端口引脚的外部中断 P1INT 和看门狗 WDT 等。每个中断源都对应着相关的中断向量。

（3）中断向量。中断向量就是中断源的中断入口地址，在这个地址里有中断服务函数的指令或中断服务函数。

（4）中断向量宏定义。CC2530 有 18 个中断源，为方便记忆使用，CC2530 头文件内用宏定义做了关联，将中断源的中断向量用一个名称来表示，这个名称就是地址。地址所对应的中断向量，在使用上其名称与中断地址是等价的。例如，ADC 中断的中断向量是 0BH，其宏定义名称为 ADC_VECTOR，这个宏定义名称就是中断向量的地址，在使用功能上二者相同。但是，中断向量不容易记忆，宏定义方便记忆。

这样，18 个中断向量与 18 个中断宏定义一一对应。在 ioCC2530.h 头文件内，可以查到这 18 个中断向量、宏定义和地址等相关信息，如图 4-1 所示。

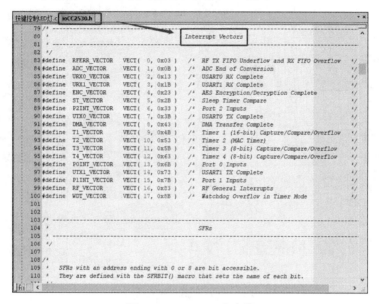

图 4-1　CC2530.h 头文件

每个中断向量宏定义名称用一个下画线"_"分成左右两部分，左边部分标明中断源的中断向量，右边部分均为"向量"的英文单词"VECTOR"。

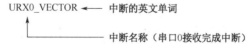

步骤 3：认识 CC2530 中断结构

查阅 CC2530 数据手册，CC2530 中断结构图如图 4-2 所示。

CC2530 中断结构图中列出了 CC2530 所涉及的所有中断资源。CC2530 中断主要由中断使能和中断标志两部分组成。

（1）中断使能。每个中断源都有一个中断使能控制位，中断源产生中断请求后，这些中断控制位必须被使能，才能被内核响应。如果中断使能不被允许（断开），内核就不会产生中断，也就不响应中断。如果在程序中要响应某个中断源的中断请求，就需要把相关的中断使能控制位使能。

例如，ADC 中断使能位有两个，一个是总开关，一个是独立的开关。EA 是总开关，若

EA = 1，则所有开关都会合上，都被使能；ADCIE 是独立开关，如果 ADC 中断请求被内核响应，则 ADCIE = 1，开关合上使能。

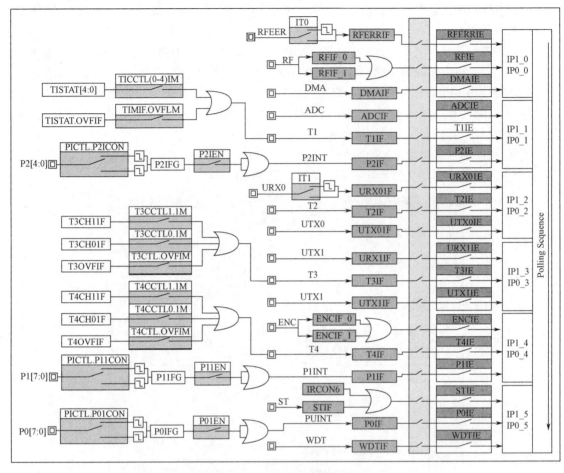

图 4-2　CC2530 中断结构图

（2）中断标志位。中断控制位与 IE 有关的都用 "IE" 结尾，如 ADCIE 使能控制位。还有以 "IF" 结尾的 ADCIF，这是中断标志位。根据中断源的复杂程度不同，中断标志位数量也不同。简单的中断只有一个中断标志位，复杂的中断则有几个中断标志位。

设置中断标志位的功能是让内核知道中断请求，中断标志位请求就是将中断标志位置 1。当某个中断标志位置 1 时，就产生中断。中断请求能否被内核响应，要看中断控制位是否使能，有使能就通知内核有中断产生，内核就调用相应的中断服务函数处理中断请求。

（3）中断服务函数。每种单片机或微处理器中断服务函数的格式可能不同，但原理基本相同，目的就是让中断函数与相应的中断源进行关联。这种关联有两种方式。其中一个方式是函数与中断源对应的中断号进行关联，如 51 单片机，就是通过关键字 "_interrupt" 后的中断号进行关联的；另一种方式是使用中断向量与中断服务函数进行关联，在 CC2530 中使用的就是这种方式。

CC2530 中断服务函数的格式：

```
#pragma vector = <中断向量>
_ _interrupt void<函数名称>(void)
```

```
    {
        /*在这里编写中断处理函数的具体程序*/
    }
```

CC2530 中断服务函数由两部分组成。

第一部分,在每一个中断服务函数之前,都要加上一句起始语句:

```
#pragma vector = <中断向量>
```

<中断向量>表示接下来要写的中断服务函数是为哪个中断源服务的,该语句有两种写法:
#pragma vector = 0x7B 或 #pragma vector = P1INT_VECTOR。前者是中断向量的入口地
址,后者是头文件"ioCC2530.h"中的宏定义。

第二部分,中断服务函数要用双下画线声明。关键字"_interrupt"表示该函数是一个中
断服务函数,<函数名称>可以自定义,函数体没有参数,也没有返回值。

步骤 4:了解中断使能寄存器

中断使能寄存器有 3 个,即 IEN0、IEN1 和 IEN2。中断使能寄存器的每一位都做了定义,
主要是对相应中断源的中断请求进行使能控制。如果某一位置 0,则对应中断源的中断请求被
禁止;如果置 1,则允许中断使能,中断请求被响应。

除了 18 个中断源对应的 18 个中断使能位外,还有一个总中断控制位 EA。EA 置 0,则禁
止所有中断;EA 置 1,才允许所有中断。

无论是处理一个中断源,还是处理多个中断源,都要对两个中断使能控制位进行设置。一
个是各自独立的中断源使能控制位,另一个是 EA 总中断控制位。

(1) IEN0 中断使能寄存器。由 CC2530 数据手册"中断"部分可知,IEN0 中断使能寄存
器如表 4-3 所示。

表 4-3 IEN0 中断使能寄存器

位	名称	复位	操作	描　　述
7	EA	0	R0	中断系统使能控制位,即总中断。 0: 禁止所有中断。1: 允许所有中断
6	—	00	R0	未使用,读为 0
5	STIE	0	R/W	睡眠定时器中断使能。 0: 中断禁止。1: 中断使能
4	ENCIE	0	R/W	AES 加密/解密中断使能。 0: 中断禁止。1: 中断使能
3	URX1IE	0	R/W	USART1 接收中断使能。 0: 中断禁止。1: 中断使能
2	URX0IE	0	R/W	USART0 接收中断使能。 0: 中断禁止。1: 中断使能
1	ADCIE	0	R/W	ADC 中断使能。 0: 中断禁止。1: 中断使能
0	RFERRIE	0	R/W	RF 发送/接收中断使能。 0: 中断禁止。1: 中断使能

(2) IEN1 中断使能寄存器。由 CC2530 数据手册"中断"部分可知,IEN1 中断使能寄存

器如表 4-4 所示。

表 4-4　IEN1 中断使能寄存器

位	位名称	复位	操作	描　　述
7~6	—	00	R0	不使用，读为 0
5	P0IE	0	R/W	端口 0 中断使能。 0：中断禁止。1：中断使能
4	T4IE	0	R/W	时定器 4 中断使能。 0：中断禁止。1：中断使能
3	T3IE	0	R/W	时定器 3 中断使能。 0：中断禁止。1：中断使能
2	T2IE	0	R/W	时定器 2 中断使能。 0：中断禁止。1：中断使能
1	T1IE	0	R/W	时定器 1 中断使能。 0：中断禁止。1：中断使能
0	DMAIE	0	R/W	DMA 传输中断使能。 0：中断禁止。1：中断使能

注意：IEN1 中断使能寄存器中第 6 位、第 7 位不用。

（3）IEN2 中断使能寄存器 2。由 CC2530 数据手册"中断"部分可知，IEN2 中断使能寄存器如表 4-5 所示。

表 4-5　IEN2 中断使能寄存器

位	位名称	复位	操作	描　　述
7~6	—	0x00	R0	不使用，读为 0
5	WDTIE	0x00	R/W	看门狗定时器中断使能。 0：中断禁止。1：中断使能
4	P1IE	0x00	R/W	端口组 P1 中断使能。 0：中断禁止。1：中断使能
3	UTX1IE	0x00	R/W	USART1 发送中断使能。 0：中断禁止。1：中断使能
2	UTX0IE	0x00	R/W	USART0 发送中断使能。 0：中断禁止。1：中断使能
1	P2IE	0x00	R/W	端口组 P2 中断使能。 0：中断禁止。1：中断使能
0	RFIE	0x00	R/W	RF 一般中断使能。 0：中断禁止。1：中断使能

例如，串口 0 发送（TX）中断使能：

```
IE2 |= 0x04;    //只能对寄存器进行字节操作
```

注意：在 ioCC2530.h 头文件中，该寄存器不能位寻址。

中断使能寄存器 IEN0、IEN1 都能进行位操作（也称位寻址），而 IEN2 只进行字节操作，不能进行位操作。因为，在 ioCC2530.h 文件中没有定义位操作，但可以修改后进行位操作，不修改则只能进行字节操作。

任务二　CC2530 外部中断及相关寄存器

【任务要求】

（1）掌握 CC2530 外部中断触发原理；

（2）了解三类寄存器——中断使能寄存器、端口组中断使能寄存器和端口输入信号寄存器，以及外部中断信号的类型和选择。

（3）理解两类中断标志：端口组标志 P0IF、P1IF 和 P2IF；端口组内引脚的标志 P0IFG、P1IFG 和 P2IFG。

【视频教程】

CC2530 外部中断及相关寄存器视频教程请扫描二维码 4-2。

二维码 4-2

【任务实现】

步骤 1：了解 IENx、PxIEN 和 PICTL 三类寄存器

CC2530 有 21 个可以作为外部中断的引脚，分别分布在 P0、P1 和 P2 端口组。要使某些引脚具有外部中断功能，就要对相应的寄存器进行适当的配置，主要涉及 IENx、PxIEN 和 PICTL 三类寄存器。

（1）IENx（外部中断使能寄存器）。CC2530 中有 18 个中断源，有 18 个中断请求控制位和 1 个 EA 总中断控制位。

（2）PxIEN（端口组中断使能寄存器）。可以通过 P0IE、P1IE 和 P2IE 这三位来使能相应端口组的外部中断。每个端口组又有不同的引脚，P0 有 8 个引脚，P1 有 8 个引脚，P2 有 5 个引脚。具体哪个引脚可以作为外部输入，通过 PxIEN 寄存器和 PICTL 寄存器进行适当的设置，其中"x"代表端口组的序号。P0IEN、P1IEN 和 P2IEN 分别设置各自端口组内的引脚。若哪些引脚要设置成外部中断输入，则对应的位置 1。

（3）PICTL（端口输入信号寄存器）。设置外部中断输入信号的触发类型。触发类型有两类，一类是上升沿触发，另一类是下降沿触发。

步骤 2：了解中断标志位的类型

中断标志位分为两类，一类是与引脚相关的标志位，一类是与端口组相关的标志位。

（1）端口组标志寄存器。

内核只能知道某个端口组产生了中断请求，至于端口组里哪些引脚产生中断请求，就要查相应的中断标志位。哪些引脚产生了中断请求，相应的中断标志位就被置 1。

端口组 P0、P1 和 P2 分别使用 P0IF、P1IF 和 P2IF 作为端口组中断标志位，任何一个端口组上的一个引脚或几个引脚有中断请求产生，其相应的中断标志位就置 1。

因为端口组引脚数不同，有的是 8 个引脚，有的是 5 个引脚。判断哪个引脚产生中断是通过中断的状态标志位实现的。

（2）端口组状态标志寄存器。

端口组状态标志寄存器有 P0IFG、P1IFG 和 P2IFG，它们都是 8 位寄存器，寄存器的某一位对应着一个引脚。这 3 个寄存器的标志位分别对应其外部各引脚的中断触发状态，当某个引脚外部产生中断触发时，对应的标志位会自动置位。稍后将进一步介绍这三个寄存器。

注意：上述两类标志位需要在中断服务函数内通过程序手工清除。中断标志在清除上有两种情况。一类是当执行了中断服务函数之后，这个中断源对应的中断标志位会通过硬件自动清除。另一类是执行中断服务函数时不会自动清除，需要通过程序手动清除。例如，P0IF、P1IF和P2IF以及P0IFG、P1IGF和P2IFG这两类标志位需要手工清除。

清除顺序：先清除具体的引脚标志PxIFG，再清除端口组PxIF。

步骤3：理解中断产生响应控制环节

（1）查看图4-2的CC2530中断结构图，理解中断标志位与中断使能的关系。

（2）中断由产生到响应的控制环节。以P1[7:0]端口为例，P1[7:0]端口有8个引脚，PICTL控制外部中断触发信号的类型是上升沿触发还是下降沿触发。P1IFG有8位，分别对应着8个引脚：没有中断请求时寄存器状态是0000 0000；当第1个引脚有中断产生的请求时，寄存器状态就变为0000 0010。P1IEN同样有8位，分别控制着8个引脚的中断使能；如果P1IEN置1，则P1_1可以有外部中断信号使能。无论8个引脚哪个产生中断，P1INT都会有请求。中断服务函数向量是针对端口组的，进入中断服务函数，具体哪个引脚产生中断要查引脚的标志位P1IF。

步骤4：了解外部中断使能寄存器

在程序设计中用到最多的是外部中断使能寄存器，IEN1和IEN2是适用于端口组的外部中断使能寄存器。

（1）IEN1中断使能寄存器。IEN1寄存器可以进行位寻址，只有一个P0IE端口0中断使能位，参见表4-4。

（2）IEN2中断使能寄存器。IEN2中断使能寄存器里有P1IE和P2IE中断使能位，参见表4-5。

注意：P1IE和P2IE位只能进行字节操作，不能进行位操作。

步骤5：端口组中断使能寄存器

端口组内更多的引脚由P0IEN、P1IEN和P2IEN端口组中断使能寄存器来处理。每个端口组对应一个P0IEN、P1IEN和P2IEN，其中P0和P1端口组分别有8位，对应8个引脚。如果将对应的位置1，则这个引脚就可以作为外部对应中断信号的输入；如果置0，则中断被禁止。P2端口组只有5个引脚，因此只有低5位P2_0到P2_4用于中断使能。端口组中断使能寄存器如表4-6、表4-7和表4-8所示。

表4-6 P0端口组中断使能寄存器P0IEN

位	名称	复位	操作	描述
7~0	P0_[7:0]IEN	0x00	R/W	端口P0_7到P0_0中断使能。 0：中断禁止。1：中断使能

表4-7 P1端口组中断使能寄存器P1IEN

位	名称	复位	操作	描述
7~0	P1_[7:0]IEN	0x00	R/W	端口P0_7到P0_0中断使能。 0：中断禁止。1：中断使能

表 4-8　P2 端口组中断使能寄存器 P2IEN

位	名称	复位	操作	描　述
7～6	—	0x00	R0	不使用，读为 0
5	DPIEN	0x00	R / W	USB　D+中断使能
4～0	P2_[4:0]IEN	0x00	R/W	端口 P2_4 到 P2_0 中断使能。 0：中断禁止。1：中断使能

步骤 6：端口输入信号寄存器

端口输入信号寄存器 PICTL 决定着是上升沿触发还是下降沿触发，如表 4-9 所示。

表 4-9　端口输入信号寄存器 PICTL

位	名称	复位	操作	描　述
7	PADSC	0	R/W	控制 I/O 引脚输出模式下的驱动能力
6～4	—	000	R0	未使用
3	P2ICON	0	R/W	端口 P2_4 到 P2_0 中断触发方式选择。 0：上升沿触发。1：下降沿触发
2	P1ICONH	0	R/W	端口 P1_7 到 P1_4 中断触发方式选择。 0：上升沿触发。1：下降沿触发
1	P1ICONL	0	R/W	端口 P1_3 到 P1_0 中断触发方式选择。 0：上升沿触发。1：下降沿触发
0	P0ICON	0	R/W	端口 P0_7 到 P0_0 中断触发方式选择。 0：上升沿触发。1：下降沿触发

注意：P1 端口组分为 P1CONH 和 P1CONL 两部分，可以分别对高 4 位和低 4 位进行独立的控制。P0 端口组的 8 个引脚，要么全是上升沿触发，要么全是下降沿触发。

步骤 7：端口组中断状态标志寄存器

P0IF、P1IF 和 P2IF 标志位表示三个端口组内的引脚产生了中断，而不能确定是哪个引脚产生的中断。为解决这个问题，需要查端口所对应的端口组中断状态标志寄存器，包括 P0IFG、P1IFG 和 P2IFG。

（1）P0 端口组中断状态标志寄存器 P0IFG。如表 4-10 所示。

表 4-10　P0 端口组中断状态标志寄存器 P0IFG

位	名称	复位	操作	描　述
7～0	P0IF_[7:0]	0x00	R/W0	端口 P0_7 到 P0_0 的中断状态标志。当输入端口有未响应的中断请求时，相应标志硬件自动置 1；但需要通过软件人工置 0。注：该标志必须在清除端口中断标志 P0IF 之前清除。 0：无中断请求。1：有中断请求

（2）P1 端口组中断状态标志寄存器 P1IFG。如表 4-11 所示。

（3）P2 端口组中断状态标志寄存器 P2IFG。如表 4-12 所示。

中断的设计涉及三类寄存器：第一类是端口组寄存器使能，第二类是引脚的使能，第三是外部中断信号类型的选择。

表 4-11　P1 端口组中断状态标志寄存器 P1IFG

位	名称	复位	操作	描　述
7～0	P1IF_[7:0]	0x00	R/W0	端口 P1_7 到 P1_0 的中断状态标志。当输入端口有未响应的中断请求时，相应标志硬件自动置 1；但需要通过软件人工置 0。注：该标志必须在清除端口中断标志 P1IF 之前清除。 0：无中断请求。1：有中断请求

表 4-12　P2 端口组中断状态标志寄存器 P2IFG

位	名称	复位	操作	描　述
7～6	—	0x00	R0	未使用，读为 0
5	DPIF	0	R/W0	USB D+中断标志位
4～0	P2IF_[4：0]	0x00	R/W0	端口 P2_4 到 P2_0 的中断状态标志，当输入端口有未响应的中断请求时，相应标志硬件自动置 1；但需要通过软件人工置 0。注：该标志必须在清除端口中断标志 P2IF 之前清除。 0：无中断请求。1：有中断请求

中断标志有两类：一类是端口组标志（P0IF、P1IF 和 P2IF），第二类是端口组内引脚（即端口状态）的标志（P0IFG、P1IFG 和 P2IFG）。

在程序设计时，首先要将端口组使能，其次要将端口组内的引脚使能，最后要选择引脚的触发类型。在编写中断服务函数时，要判断 PxIFG 是哪个引脚产生的，处理完后还要对 PxIF 进行人工置 0，对 PxIFG 端口组人工置 0。

任务三　外部中断控制 LED 灯

【任务要求】

（1）启动后，D4 灯（LED4）循环闪烁，其他 3 个 LED 灯熄灭。

（2）SW1 按键，即 P1_2 引脚外部中断设置为下降沿触发。

（3）设计中断服务函数，外部中断响应后，将 D5 灯（LED5）的开关状态翻转。

【视频教程】

外部中断控制 LED 灯视频教程，请扫描二维码 4-3。

二维码 4-3

【任务实现】

步骤 1：绘制任务电路简图

根据 CC2530 电路图画出本任务电路简图，如图 4-3 所示。

步骤 2：设置工程的基础环境

（1）新建空的文件夹，名称为"外部中断控制 LED 灯"。

（2）打开 IAR 软件，新建一个工作区。

（3）在工作区内，新建一个空的工程，名称为"外部中断控制 LED 灯.ewp"。

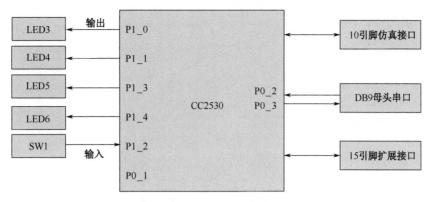

图 4-3 外部中断控制 LED 灯电路简图

（4）配置芯片型号为 Texas Instruments 公司的 CC2530F256.i51。

（5）配置仿真器，仿真器驱动程序设置为"Texas Instruments"。

（6）新建代码文件，保存代码文件为"外部中断控制 LED 灯.c"。

（7）将代码文件"外部中断控制 LED 灯.c"添加到工程中。

（8）编写基础代码。

```
#include "ioCC2530.h"

void main()
{
  while(1)
  {
  }
}
```

编译，保存工作区，名称为"外部中断控制 LED 灯工作区"。当编译后出现"Done. 0 error(s), 0 warning(s)"时，说明工程基础环境设置正常。

步骤 3：宏定义 LED 灯和按键

（1）宏定义 LED 灯。根据电路简图对 LED 灯（LED3～LED6，即 D3～D6）进行宏定义。

```
#define D3 P1_0
#define D4 P1_1
#define D5 P1_3
#define D6 P1_4
```

（2）宏定义按键。根据电路简图对按键进行宏定义。

```
#define SW1 P1_2
```

步骤 4：编写延时函数

```
void Delay(unsigned int t)
{
  while(t--);
}
```

步骤 5：编写端口初始化函数

```
void Init_Port()
{
    //配置 4 个 LED 灯的引脚

    //配置 SW1 按键引脚

    //关闭 LED 灯
}
```

只要是输出高低电平的端口都要进行初始化，并配置端口的引脚。

（1）配置 LED 灯的端口功能。配置端口功能选择寄存器 PxSEL。P1_0、P1_1、P1_3 和 P1_4 这四个引脚都属于 P1 端口组，查 CC2530 数据手册的 "P1SEL（0xF4）-端口 1 功能选择" 部分，根据任务要求，将 P1_0、P1_1、P1_3 和 P1_4 设置为通用 I/O 端口，则第 0、1、3、4 位置 0，即：

$$0000\ 0000 \rightarrow 0001\ 1011 \rightarrow 0x1B$$

$$P1SEL\ \&=\ \sim 0x1B$$

（2）配置端口方向。配置端口方向寄存器 PxDIR。P1_0、P1_1、P1_3 和 P1_4 四个引脚都属于 P1 端口组，查 CC2530 数据手册 "P1DIR（0xfe）-端口 1 方向"，根据任务要求，将 P1_0、P1_1、P1_3 和 P1_4 设置为输出端口，则第 0、1、3、4 位置 1，即：

$$0000\ 0000 \rightarrow 0001\ 1011 \rightarrow 0x1B$$

$$P1DIR\ \ |= 0x1B$$

（3）关闭 LED 灯。可以写四行语句，即

```
D3 = 0;
D4 = 0;
D5 = 0;
D6 = 0;
```

也可以只操作 P1 端口组，写一行语句，即

```
P1 &= ~0x1B;
```

两种方法的功能等价。

然后，完成端口初始化函数的编写。

```
void Init_Port()
{
    //配置端口的功能
    P1SEL &= ~0x1B;
    //配置端口方向
    P1DIR |= 0x1B;
    //配置 SW1 按键引脚
    //关闭 LED 灯
    P1 &= ~0x1B;
}
```

（4）编写主函数。进入程序，首先进行端口初始化，在循环内实现 D4 灯的闪烁。

```
void main()
{
  Init_Port();
  while(1)
  {
    D4 = 1;
    Delay(60000);
    Delay(60000);
    D4 = 0;
    Delay(60000);
    Delay(60000);
  }
}
```

测试端口初始化函数。如果程序编写正确，D4 灯会循环闪烁。

步骤 6：编写外部中断函数

```
void Init_INTP1()
{
  //外部中断标志位置 0

  //使能 P1 端口组中断

  //使能 P1 引脚中断

  //选择外部中断信号的触发类型

  //使能总中断
}
```

（1）外部中断标志位置 0，确保开始中断时没有任何中断标志。

P1IFG =0x00;

（2）使能 P1 端口组中断。查 CC2530 数据手册，可知 P1 和 P2 端口组的中断使能由 IEN2 控制，参见表 4-5。

由表 4-5 可知，P1IE 为 IEN2 的第 4 位，就是说要开启 P1 端口组的中断使能，就要将该位置 1，即：

0000 0000 → 0001 0000→0x10

IEN2 |= 0x10;

（3）使能 P1 引脚中断。每一位对应一个引脚，要让某个引脚成为外部中断的输入，该引脚对应的位就要置 1。SW1 的引脚是接在 P1_2 端口上的，所以将 P1IEN 寄存器的第 2 位置 1，即：

0000 0000→ 0000 0100→0x04

P1IEN |= 0x04;

（4）选择外部中断信号触发类型。查阅 CC2530 数据手册，端口输入信号寄存器 PICTL 参见表 4-9。

在 PICTL 端口输入信号寄存器内，低 4 位用来控制外部中断触发类型，第 1 位和第 2 位与 P1 端口组的触发类型相关。由表 4-9 可知，第 1 位控制端口 P1_0～P1_3（低 4 位）的中断触发方式选择，第 2 位控制端口 P1_4～P1_7（高 4 位）的中断触发方式选择。因此，将这个寄存器的第 2 位置 1，设置为下降沿触发，即：

$$0000\,0000 \rightarrow 0000\,0100 \rightarrow 0x04$$

$$PICTL \mathrel{|}= 0x04;$$

（5）使能总中断。

$$EA = 1;$$

（6）完整中断初始化函数。

```
void Init_INTP1()
{
    //外部中断标志位置 0
    P1IFG =0x00;
    //使能 P1 端口组中断
    IEN2  |= 0x10;
    //使能 P1 引脚中断
    P1IEN |= 0x04;
    //选择外部中断信号的触发类型
    PICTL |= 0x04;
    //使能总中断
    EA = 1;
}
```

步骤 7：编写外部中断服务函数

外部中断服务函数有固定格式，由两部分组成，即起始语句和具体函数。

（1）起始语句。

```
#pragma vector = ?
```

这里是把 P1 端口组外部输入的中断向量赋值给它，这个值是多少？查头文件 ioCC2530.h，P1 端口组中断向量如图 4-4 所示，即：

```
#pragma vector = P1INT_VECTOR;
```

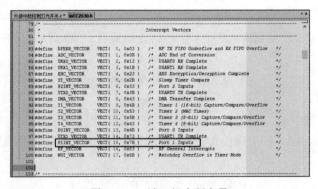

图 4-4　P1 端口组中断向量

（2）具体函数的实现。

在关键字"__interrupt"后自定义函数名，无返回值：

```
#pragma vector = P1INT_VECTOR
```

```
__interrupt void Service_INTP1()
{

}
```

函数内部有处理外部中断和清除外部中断标志两部分内容。

①处理外部中断。

P1 端口组的任何一个引脚产生的外部中断，都可以引起中断服务函数的执行。需要在中断函数里判断 P1 端口组引起中断的具体引脚。可通过 P1IFG 里面的标志位来判断，这个寄存器有 8 个标志位，每一位对应一个引脚，每个引脚产生的外部中断请求对应的位就会被置 1。P1_2 对应的引脚是 2，因此判断第 2 位是否置 1：

$$if((P1IFG \& 0x04)==0x04)$$
$$xxxx\ x1xx \& 0000\ 01000$$

只有第 2 位是 1，结果才是 0x04。

根据任务要求，D5 灯要取反。

```
if((P1IFG & 0x04) == 0x04)
  {
    D5 = ~D5;
  }
```

②清除外部中断标志。

先清除引脚（位操作）：

$$P1IFG = 0x00;$$

再清除端口组（字节操作）：

$$P1IF =0;$$

（3）完整的中断服务函数。

```
#pragma vector = P1INT_VECTOR
__interrupt void Service_INTP1()
{
  if((P1IFG & 0x04) == 0x04)
  {
    D5 = ~D5;
  }
  P1IFG = 0x00;
  P1IF =0;
}
```

步骤 8：编写主函数，编译

```
void main()
{
    Init_Port();
    Init_INTP1();
    while(1)
    {
```

```
            D4 = 1;
            Delay(60000);
            Delay(60000);
            D4 = 0;
            Delay(60000);
            Delay(60000);
        }
    }
```

编译，进行仿真调试。

【任务代码】

```c
#include "ioCC2530.h"

#define D3 P1_0
#define D4 P1_1
#define D5 P1_3
#define D6 P1_4

#define SW1 P1_2
/******************************************************************
函数名称：Delay()
功能：简单延时
******************************************************************/
void Delay(unsigned int t)
{
    while(t--);
}
/******************************************************************
函数名称：Init_Port()
功能：端口初始化
******************************************************************/
void Init_Port()
{
    //配置端口的功能
    P1SEL &= ~0x1B;
    //配置端口方向
    P1DIR |= 0x1B;
    //配置 SW1 按键引脚
    //关闭 LED 灯
    P1 &= ~0x1B;
}
/******************************************************************
函数名称：Init_INTP1()
功能：中断函数
******************************************************************/
```

```c
void Init_INTP1()
{
    //外部中断标志位置0
    P1IFG =0x00;
    //使能P1端口组中断
    IEN2 |= 0x10;
    //使能P1引脚中断
    P1IEN |= 0x04;
    //选择外部中断信号的触发类型
    PICTL |= 0x04;
    //使能总中断
    EA = 1;
}
/****************************************************************
函数名称: Service_INTP1()
功能: 中断服务函数
****************************************************************/
#pragma vector = P1INT_VECTOR
__interrupt void Service_INTP1()
{
    if((P1IFG & 0x04) == 0x04)
      {
          D5 = ~D5;
      }
    P1IFG = 0x00;
    P1IF =0;
}
/****************************************************************
函数名称: main()
功能: 程序的入口
****************************************************************/
void main()
{
    Init_Port();
    Init_INTP1();
    while(1)
    {
        D4 = 1;
        Delay(60000);
        Delay(60000);
        D4 = 0;
        Delay(60000);
        Delay(60000);
    }
}
```

任务四　外部中断控制跑马灯的运行与暂停

【任务要求】

（1）设计 LED 灯检测函数，同时点亮 4 个 LED 灯，延时，然后同时关闭 4 个 LED 灯。灯光检测完成后，开始运行跑马灯。

（2）跑马灯运行过程为：D4 灯（LED4）亮，其余灯熄灭，延时；D3 灯（LED3）亮，其余灯熄灭，延时；D6 灯（LED6）亮，其余灯熄灭，延时；D5 灯（LED5）亮，其余灯熄灭，延时……如此反复。

（3）按下 SW1 按键并松开后，跑马灯暂停，保留当前状态；再一次按下 SW1 按键并松开后，从当前状态保留处继续运行跑马灯，再按下 SW1 按键时，不能打断跑马灯的运行。

【视频教程】

本任务视频教程请扫描二维码 4-4。

【任务实现】

步骤 1：绘制任务简图

根据 CC2530 电路图画出本任务电路简图，如图 4-5 所示。

二维码 4-4

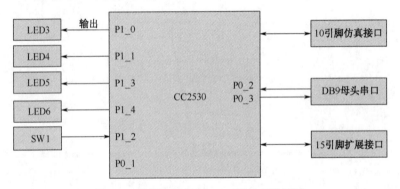

图 4-5　外部中断控制 LED 灯的电路简图

步骤 2：设置工程的基础环境

（1）新建文件夹，名称为"外部中断控制跑马灯的运行与暂停"。

（2）打开 IAR 软件，新建一个工作区。

（3）在工作区内，新建一个空的工程，名称为"外部中断控制跑马灯的运行与暂停.ewp"。

（4）配置芯片型号为 Texas Instruments 公司的 CC2530F256.i51。

（5）配置仿真器。仿真器驱动程序设置为"Texas Instruments"。

（6）新建代码文件，保存代码文件为"外部中断控制跑马灯的运行与暂停.c"。

（7）将代码文件"外部中断控制跑马灯的运行与暂停.c"添加到工程中。

（8）编写基础代码。

```
#include "ioCC2530.h"

void main()
{
```

```
    while(1)
    {
    }
}
```

编译，保存工作区，名称为"外部中断控制跑马灯的运行与暂停工作区"。当编译后出现"Done. 0 error(s), 0 warning(s)"时，说明工程基础环境设置正常。

步骤 3：宏定义 LED 灯

宏定义 LED 灯。根据电路简图对 LED 灯 D3～D6 进行宏定义。

```
#define D3 P1_0
#define D4 P1_1
#define D5 P1_3
#define D6 P1_4
unsigned char F_LED = 1;
```

步骤 4：编写延时函数

```
void Delay(unsigned int t)
{
    while(t--);
}
```

步骤 5：编写端口初始化函数

```
void Init_Port()
{
    //LED 灯引脚初始化
    P1SEL &= ~0x1B;        //将 P1_0、P1_1、P1_3 和 P1_4 设为通用 I/O 端口
    P1DIR |= 0x1B;         //将 P1_0、P1_1、P1_3 和 P1_4 设为输出方向
    P1 &= ~0x1B;           //将 P1_0、P1_1、P1_3 和 P1_4 设为输出低电平
}
```

步骤 6：编写灯光检测函数

```
void LED_Check()
{
    P1 |= 0x1B;                  //同时点亮 4 个 LED 灯
    Delay(60000);               //延时
    Delay(60000);
    P1 &= ~0x1B;                 //同时熄灭 4 个 LED 灯
    Delay(60000);               //延时
    Delay(60000);
}
```

步骤 7：编写跑马灯控制函数

```
void LED_Running()
{
    D4 = 1;
    D3 = 0;
```

```
    D6 = 0;
    D5 = 0;
    Delay(60000);
    D4 = 0;
    D3 = 1;
    D6 = 0;
    D5 = 0;
    Delay(60000);
    D4 = 0;
    D3 = 0;
    D6 = 1;
    D5 = 0;
    Delay(60000);
    D4 = 0;
    D3 = 0;
    D6 = 0;
    D5 = 1;
    Delay(60000);
}
```

步骤 8：编写外部中断初始化函数

```
void Init_INTP1()
{
    IEN2 |= 0x10;              //使能 P1 端口组的外部中断
    P1IEN |= 0x04;            //使能 P1_2 引脚的外部中断
    PICTL |= 0x02;            //下降沿触发
    EA = 1;                   //使能总中断
}
```

步骤 9：编写外部中断服务函数

```
#pragma vector = P1INT_VECTOR
__interrupt void Service_INTP1()
{
    //判断 P1 端口组中，是否为 P1_2 引脚产生的中断触发
    if((P1IFG & 0x04) == 0x04)
    {
        if(F_LED == 1)          //切换跑马灯的暂停与运行状态
        {
            F_LED = 0;
        }
        else
        {
            F_LED = 1;
        }
    }
    P1IFG = 0;
```

```
        P1IF = 0;
    }
```

步骤 10：编写主函数

```
    void main()
    {
        Init_Port();              //端口初始化
        LED_Check();              //灯光检测
        Init_INTP1();             //外部中断初始化
        while(1)
        {
            LED_Running();                //循环控制跑马灯
        }
    }
```

编译并仿真调试。

【任务代码】

```
#include "ioCC2530.h"

#define D3 P1_0
#define D4 P1_1
#define D5 P1_3
#define D6 P1_4

unsigned char F_LED = 1;
/********************************************************************
函数名称：Delay()
功能：简单延时
********************************************************************/
void Delay(unsigned int t)
{
    while(t--)
    {
        while(F_LED == 0);             //延时暂停
    }
}
/********************************************************************
函数名称：Init_Port()
功能：端口初始化
********************************************************************/
void Init_Port()
{
    //LED 灯引脚初始化
    P1SEL &= ~0x1B;        //将 P1_0、P1_1、P1_3 和 P1_4 设为通用 I/O 端口
    P1DIR |= 0x1B;         //将 P1_0、P1_1、P1_3 和 P1_4 设为输出方向
```

```c
  P1 &= ~0x1B;          //将 P1_0、P1_1、P1_3 和 P1_4 设为输出低电平
}
/*************************************************************
函数名称：LED_Check()
功能：灯光检测
*************************************************************/
void LED_Check()
{
  P1 |= 0x1B;              //同时点亮 4 个 LED 灯
  Delay(60000);           //延时
  Delay(60000);
  P1 &= ~0x1B;            //同时熄灭 4 个 LED 灯
  Delay(60000);           //延时
  Delay(60000);
}
/*************************************************************
函数名称：LED_Running()
功能：控制跑马灯
*************************************************************/
void LED_Running()
{
  D4 = 1;
  D3 = 0;
  D6 = 0;
  D5 = 0;
  Delay(60000);
  D4 = 0;
  D3 = 1;
  D6 = 0;
  D5 = 0;
  Delay(60000);
  D4 = 0;
  D3 = 0;
  D6 = 1;
  D5 = 0;
  Delay(60000);
  D4 = 0;
  D3 = 0;
  D6 = 0;
  D5 = 1;
  Delay(60000);
}
/*************************************************************
函数名称：Init_INTP1()
功能：中断初始化函数
*************************************************************/
void Init_INTP1()
```

```c
{
  IEN2  |= 0x10;              //使能 P1 端口组的外部中断
  P1IEN |= 0x04;             //使能 P1_2 引脚的外部中断
  PICTL |= 0x02;             //下降沿触发
  EA = 1;                    //使能总中断
}
```

/***
函数名称：Service_INTP1()
功能：外部中断服务函数
***/

```c
#pragma vector = P1INT_VECTOR
__interrupt void Service_INTP1()
{
  //判断 P1 端口组中，是否为 P1_2 引脚产生的中断触发
  if((P1IFG & 0x04) == 0x04)
  {
    if(F_LED == 1)            //切换跑马灯的暂停与运行状态
    {
      F_LED = 0;
    }
    else
    {
      F_LED = 1;
    }
  }

  P1IFG = 0;
  P1IF = 0;
}
```

/***
函数名称：main()
功能：程序的入口
***/

```c
void main()
{
  Init_Port();             //端口初始化
  LED_Check();             //灯光检测
  Init_INTP1();            //外部中断初始化
  while(1)
  {
    LED_Running();          //循环控制跑马灯
  }
}
```

习　　题

一、单项选择题

1. 程序在执行过程中由于外界的原因而被中间打断的情况，称为（　　）。

  A.暂停   B. 响应   C. 中断   D. 复位

2. 当一个优先级低的中断尚未执行完毕，又产生了一个高优先级的中断时，系统转而执行高级中断服务，这种情况称作（　　）。

  A. 中断返回   B. 中断切换   C. 中断嵌套   D. 中断恢复

3. CC2530 共有（　　）个中断源。

  A. 6   B. 8   C. 18   D. 28

4. 以下选项中，不属于 CC2530 中断源的是（　　）。

  A. 串口 USART0 接收完成   B. 串口 USART0 发送完成

  C. ADC 转换开始   D. ADC 转换结束

5. EA=1 用来设置（　　）。

  A. 定时器 1 中断使能   B. ADC 中断使能

  C. 总中断使能   D. 看门狗中断使能

6. 在 CC2530 应用开发中，使能总中断的程序语句是（　　）。

  A. EA = 0;   B. AE = 01;   C. EA = 1;   D. AE = 1;

7. T1=1 用来设置（　　）。

  A. 总中断使能   B. 定时器 1 中断使能

  C. ADC 中断使能   D. 看门狗定时器中断使能

8. 在 CC2530 应用开发中，使能定时器 1 中断的程序语句是（　　）。

  A. T1 = 0;   B. T1 = 1;   C. t1 = 1;   D. TIMER1 = 1;

9. 关于 CC2530 中断服务函数的说法，不正确的是（　　）。

  A. 在每一个中断服务函数之前，都要加上一句起始语句

  B. 中断服务函数可以根据程序的需要决定是否传递参数

  C. 中断服务函数与一般自定义函数不同，有其独特的写法

  D. 用关键字 "_interrupt" 表示该函数是一个中断服务函数

10. 要将 CC2530 的 P1.3 引脚设置为上升沿中断触发方式，需要将 PICTL 寄存器的对应位设置为 0，则下列对 PICTL 寄存器的值设置正确的是（　　）。

  A. PICTL &=~0x04   B. PICTL &=~0x02

  C. PICTL &=~0x08   D. PICTL &=~0x00

11. 以下中断服务函数写法正确的是（　　）。

  A. __interrupt void Int1_Service(void)   B. #pragma vector = P1INT_VECTOR

  {······}   __interrupt void Int1_Service(void)

                   {······}

  C. interrupt void Int1_Service(void)   D. #pragma vector = P1INT_VECTOR

  {······}   interrupt void Int1_Service(void)

                   {······}

12. CC2530 将 18 个中断源划分成 6 个中断优先级组，即 IPG0～IPG5，每组包含几个中断源？（　　）

  A. 2   B. 5   C. 3   D. 4

13. 在 CC2530 中，在 CLKCONCMD &= 0x80; T1CTL |= 0x0E;条件下，如果输出比较值是 50000，则每个中断周期是（　　）。

  A. 2 s   B. 0.2 s   C. 0.1 s   D. 0.4 s

14. 在 CC2530 中，关于中断服务函数说法正确的是（　　）。

  A. 对于外部中断，可以不在中断服务函数中清除中断标志位

  B. 端口组中断产生后还需要在中断服务函数中确定是哪个端口产生的中断

  C. 要以"_interrupt"作为中断服务函数的开始

  D. 以上都正确

15. 当 P2_2 引脚（端口）产生外部中断请求后，（　　）的第 2 位置 1。

  A. P1IFG   B. P1IF   C. P2IFG   D. P2IF

16. 当 P2_2 引脚产生外部中断请求后，P2IFG 的（　　）。

  A. 第 1 位置 1   B. 第 2 位置 1   C. 第 1 位置 0   D. 第 2 位置 0

17. 当 P2_0 和 P2_2 引脚产生外部中断请求后，以下说法正确的是（　　）。

  A. P2IF 置 1，P2IFG 的第 1 位和第 2 位置 1

  B. P2IF 置 1，P2IFG 的第 0 位和第 2 位置 1

  C. 只有 P2IFG 的第 1 位和第 2 位置 1

  D. 只有 P2IFG 的第 0 位和第 2 位置 1

18. （　　）是指中断处理程序的入口地址。

  A. 中断服务函数   B. 中断响应   C. 中断向量   D. 中断源

19. 要使能 CC2530 的 P1_1 端口和 P1_4 端口的中断功能，需要将 P1IEN 寄存器的对应位置 1，则 P1IEN 寄存器设置的值为（　　）。

  A. 0x12   B. 0x11   C. 0x14   D. 0x13

20. 以下 CC2530 的中断服务函数实现的功能中，P1_1 端口的输出电平状态翻转一次的条件是（　　）。

```
#pragma vector = P1INT_VECTOR
__interrupt void ISR(void)
{
    if(P1IFG & 0x08)
    {
        count++;
        if(count == 3)
        {
            P1_1 = ~P1_1;
            count = 0;
        }
        P1IFG &= ~0x08;
    }
    P1IF = 0;
}
```

A. 定时器 1 每产生 3 次溢出中断   B. 串口 1 每收到 3 字节数据

C. P1_3 端口每产生 3 次外部中断   D. 每完成 3 次 A/D 转换

二、多项选择题

1. 关于 CC2530 中断服务函数的说法，正确的是（　　）。

    A. 中断服务函数与一般自定义函数不同，有其独特的写法

    B. 在每一个中断服务函数之前，都要加上一句起始语句

    C. 用关键字"_interrupt"表示该函数是一个中断服务函数

    D. 中断服务函数与一般自定义函数写法是一样的

2. 关于 CC2530 外部中断的说法中，正确的是（　　）。

    A. P0、P1 和 P2 端口组中的每个引脚都具有外部中断输入功能

    B. P1 端口组上的任何一个引脚产生外部中断，P1IE 都将自动置 1

    C. P1 端口组上的任何一个引脚产生外部中断，P1IF 都将自动置 1

    D. 外部中断的触发方式有上升沿触发和下降沿触发两种

3. 关于 CC2530 外部中断的说法中，正确的是（　　）。

    A. P0、P1 和 P2 端口组中的每个引脚都具有外部中断输入功能

    B. 使能外部中断引脚，需要设置 IENx 寄存器和 PxIEN 寄存器

    C. 外部中断的触发方式通过 PICTL 寄存器设置

    D. 只有 P0 端口组中的每个引脚具有外部中断输入功能

4. 关于 CC2530 外部中断的说法中，错误的是（　　）。

    A. P0、P1 和 P2 端口组中，只有部分引脚都具有外部中断输入功能

    B. 使能外部中断引脚，只需要设置 IENx 寄存器

    C. 使能外部中断引脚，只需要设置 PxIEN 寄存器

    D. 外部中断的触发方式通过 PICTL 寄存器设置

5. 关于 CC2530 外部中断的说法中，错误的是（　　）。

    A. 每个引脚产生的外部中断请求，均有独立的中断入口地址

    B. 端口组中断产生后，需要在中断服务函数中确定是哪个端口产生的中断

    C. 在中断服务函数中，不需要手工清除中断标志位

    D. 外部中断的触发方式通过 PICTL 寄存器设置

模块五　定时器/计数器原理及应用

任务一　CC2530 定时器/计数器资源概述

【任务要求】

（1）了解定时器/计数器的种类、功能；

（2）了解定时器/计数器的工作模式。

【视频教程】

CC2530 定时器资源概述视频教程，请扫描二维码 5-1。

二维码 5-1

【任务实现】

在微处理器中，定时器/计数器是一种重要的外部设备，也是比较复杂的外部设备。CC2530 定时器资源非常丰富。CC2530 共有 5 个定时器/计数器，对内部主要用于定时功能，对外部主要用于计数功能；无论用于定时功能，还是用于计数功能，本质上都是计数器。CC2530 中的 5 个定时器/计数器分别是：

（1）定时器 1：16 位定时器，其最大计数寄存器为 16 位。定时器 1 是 CC2530 中功能最全的一个定时器/计数器，是设计应用中的首选。它除了具有定时/计数功能之外，还支持输入信号的捕获、输出信号的比较、脉宽调制（PWM）信号的输出、DMA（Direct Memory Access，直接存储器访问）的触发等，功能非常完善。

定时器 1 有 5 个独立的捕获/比较通道，这 5 个通道都对应着 I/O 引脚；如果使用这 5 个通道的捕获/比较功能，就要将相应的 I/O 引脚设置为外设功能，这样才能接收外部的信号源。定时器 1 具有自由运行模式、模模式和正计数/倒计数模式三种不同的工作模式。

（2）定时器 2：16 位定时器，也称为迈克定时器，一般会被系统占用，其主要功能是为 CSMA-CA 算法提供定时。当 CC2530 用于 2.4 GHz 无线收发时，就会用到定时器 2。

（3）定时器 3 和定时器 4：8 位定时器，计数的寄存器只有 8 位，最大范围是 1～255，功能相对较少。支持输入捕获、输出比较，具有 2 路独立的捕获/比较通道，每个通道使用一个 I/O 引脚。定时器 3 和定时器 4 有自由运行模式、模模式、正计数/倒计数模式和倒计数模式四种不同的工作模式。

（4）睡眠定时器：24 位正计数定时器，运行在 32 kHz 的时钟频率上，主要用于设置 CC2530 系统进入和退出低功耗睡眠模式。

定时器 1、定时器 2、定时器 3 和定时器 4 由于其功能常见，也被称为通用定时器。

任务二 定时器 1 的工作原理及相关寄存器

【任务要求】

（1）掌握定时器 1 的工作原理；
（2）了解定时器 1 的三种工作模式；
（3）深入理解 CC2530 中断；
（4）学会最大计数值的计算和设置。

【视频教程】

定时器 1 的工作原理及相关寄存器的视频教程，请扫描二维码 5-2。

二维码 5-2

【任务实现】

步骤 1：了解定时器 1 的基本结构

定时器 1 是 16 位定时器，它有 1 个中断向量，以及 5 个独立的输入捕获和输出比较通道，每个通道都使用一个 I/O 引脚，具有 3 种工作模式。其基本结构如图 5-1 所示。

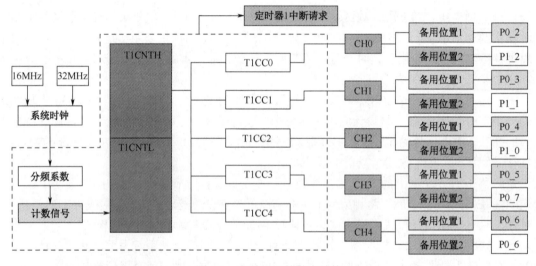

图 5-1 定时器 1 的基本结构

步骤 2：理解定时器 1 的工作原理

定时器 1 是 CC2530 中功能最全的一个定时器。它是独立的 16 位、双向定时器，在每个活动时钟边沿可以进行递增或递减操作，在递增的情况下最大的计算值是 65 535。它支持典型的定时、计数功能，广泛应用于控制和测量，可用的 5 个通道正计数/倒计数模式允许诸如电动机控制之类应用的实现。

定时器 1 功能全面，既具有普通的定时、计数以及信号的输入捕获、信号的输出比较等功能，也具有 PWM（脉宽调制）信号输出以及 DMA 触发功能。

定时器 1 有 5 个独立的输入捕获和输出比较通道，每个通道都使用一个 I/O 引脚。有些引脚可以用作通用 I/O 引脚，也可以用于实现外设功能。

定时器 1 可以通过两个 8 位寄存器读取其 16 位计数值：T1CNTH 和 T1CNTL。例如，利用超声波可以测距离，它有两个感应头，一个发射超声波，一个接收超声波。发射时，若遇到障碍物，就会反射回超声波，由接收感应头接收。在进行超声波测距时，需要获得超声波信号从发出到接收的时间。当发出超声波时，定时器 1 开始计数；当收到超声波返回信号时，定时器 1 停止计数。读出定时器 1 的值再乘以每个脉冲周期，得到超声波的时间，就可以计算出超声波测量的距离。这种情况就需要获得定时器 1 的值。先读取定时器 1 的 T1CNTL 的值，再读取定时器 1 的 T1CNTH 的值。

注意读取的顺序。当读取 T1CNTL 时，定时器 1 的高位字节就会缓冲到 T1CNTH，因此我们必须先读取 T1CNTL，后读取 T1CNTH。

步骤 3：了解定时器 1 的三种工作模式

（1）自由运行模式。该模式如图 5-2 所示。

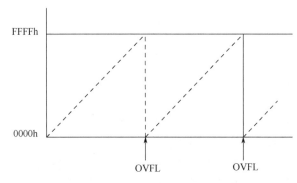

图 5-2　定时器 1 的自由运行模式

定时器 1（计数器）从 0x0000 开始，在每个活动时钟边沿加 1，当计数达到 0xFFFF 时溢出（OVFL），定时器 1 重新载入 0x0000 并开始新一轮的递增计数。计数周期是固定值 0xFFFF，可用于产生独立的时间间隔，输出信号频率。

定时器 1 计算公式：

$$T = Nt$$

在定时器 1 中系统时钟源 16 MHz 不变，但是，时钟分频后才进入定时器，可以是 16 分频、32 分频，也可以是 64 分频、128 分频。计数个数相同，分频不同，t 值不同，计算结果的 T 值也不相同。

定时器 1 常用来产生一些独立的时间间隔，比如输出不同频率的信号。

（2）模模式。这是使用最多的模式，常用于间隔定时、简单计数等操作，使用比较灵活。该模式如图 5-3 所示。

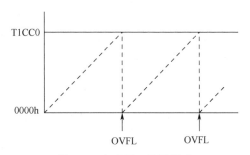

图 5-3　定时器 1 的模模式

定时器 1 从 0x0000 开始，在每个活动时钟边沿加 1，当计数达到 T1CC0 寄存器保存的值时溢出，定时器 1 又将从 0x0000 开始新一轮的递增计数。

模模式的最大特点是计数周期可由用户自行设定。

T1CC0 寄存器保存的值叫作最大计数值，可以通过修改最大计数值，来改变定时时间的长短。

（3）正计数/倒计数模式。定时器 1 反复从 0x0000 开始，正计数到 T1CC0 保存的最终计数值，然后倒计数回 0x0000，可用于中心对齐的 PWM 信号输出。该模式如图 5-4 所示。

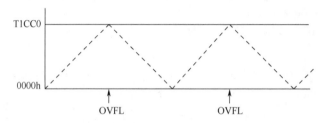

图 5-4　定时器 1 的正计数/倒计数模式

正计数/倒计数模式的特点是正计数值是可变的。

步骤 4：了解 CC2530 的定时器中断系统

定时器在什么情况下产生中断请求，又会有什么样的中断标志位？在中断服务函数里如何处理，是硬件自动清除标志，还是手动清除标志？

（1）定时器在以下 3 种情况下能产生中断请求：

① 当计数达到最终计数值（溢出或回到零）时产生中断请求。

② 输入捕获事件时产生中断请求。

③ 输出比较事件时（使用模式时要特别注意）产生中断请求。

使用模式要特别注意，需要开启通道 0 的输出比较模式；否则，当计数值达到 T1CC0 后不会产生溢出中断。

CC2530 中定时器 1～定时器 4 的中断使能位分别是 IEN1 寄存器中的 T1IE、T2IE、T3IE 和 T4IE。学习中断时我们知道：只要这个中断是以 IE 结尾的，基本上就是中断使能控制位；如果是以 IF 结尾的，则基本上就是中断标志位。IEN1 寄存器可以进行位操作，因此在使能一个定时器时，有两种表达方式：一种是对 IEN1 这个寄存器进行字节操作，另一种是对里面的某个位进行置 1 操作。

（2）计数溢出中断屏蔽位。定时器 1～定时器 4 还分别有一个计数溢出中断屏蔽位 TxOVFIM（x 是定时器的序号），该位也可以进行位寻址，直接让该位等于 1 就可以。不过用户一般不需要对 TxOVFIM 位进行设置，因为该位在 CC2530 上电复位时初始值就是 1。

步骤 5：最大计数值的计算与设置

（1）计算最大计数值。

$$最大计数值 = 定时时长\ T/定时器计数周期\ t$$

例如，模模式中，每个时钟脉冲的周期是 1 ms，即 $t = 1$ ms。如果定时时长是 20 ms，即 $T = 20$ ms，则：

$$定时时长最大值 = T/t = 20\ ms/1\ ms = 20$$

T1CCx：定时器 1 通道 x 的最大计数值寄存器，由 T1CCxH 和 T1CCxL 两个 8 位寄存器的值构成，在程序设计时，先写低 8 位寄存器，后写高 8 位寄存器。

定时器 1 共有 5 对 T1CCxH 和 T1CCxL 寄存器，分别对应通道 0～通道 4。

例如，在 16 MHz 的时钟源下，定时器的分频系数为 128，定时 0.1 s，其最大计数值是多少？在程序设计上如何设置？

$$最大计数值 = \frac{定时时长}{定时器计数周期} = \frac{0.1\ s}{\dfrac{1}{16\,MHz} \times 128} = 12500 = 0x30D4$$

先写低 8 位寄存器：T1CC0L = 0xD4；后写高 8 位寄存器：T1CC0H = 0x30。

（2）定时器 1 控制寄存器 T1CTL。

查 CC2530 数据手册，定时器 1 控制寄存器 P1CTL 如表 5-1 所示。

表 5-1　定时器 1 控制寄存器 T1CTL

位	位名称	复位	操作	描　　述
7～4	—	0000	R0	未使用，读为 0
3～2	DIV[1:0]	00	R/W	定时器 1 分频设置。 00：1 分频　　　01：8 分频 10：32 分频　　11：128 分频
1～0	MODE[1:0]	00	R/W	定时器 1 工作模式。 00：暂停运行　　01：自由运行模式 10：模模式　　　11：正计数/倒计数模式

高 4 位 7～4 位不使用。低 4 位分成两部分，3～2 位用于分频设置，1～0 位用于工作模式设置。

注意：一旦设置了定时器 1 的工作模式，该定时器就立刻开始定时计数工作。因此 T1CTL 寄存器的配置通常放在定时器 1 初始化函数的最后一行。

例如：当选择系统时钟的 128 分频作为定时器的时钟源时，工作模式为模模式。对整个字节一次性赋值，即：

$$0000\ 0000 \rightarrow 0000\ 1110 \rightarrow 0x0e$$

也就是：

高4位置 0

↓

0000 1110 ← **模模式** 10

↑

128分频 11

T1CTL = 0x0e;

（3）定时器 1 通道 x 捕获/比较控制寄存器 T1CCTLx。

使用模模式时要特别注意，需要打开通道 0 的输出比较模式。定时器 1 通道 0 的输出比较功能通过 T1CCTL0 寄存器来设置。查 CC2530 数据手册，定时器 1 通道 0 捕获/比较控制寄存器 T1CCTL0 如表 5-2 所示。

应用举例：将定时器 1 通道 0 的模式选择为比较模式。

```
T1CCTL0 |= 0x04;          //工作在模模式时，必须设置
```

定时器 1 通道 0 的比较模式是第 2 位置 1，置 1 就是或操作，即：

$$0000\ 0000 \rightarrow 0000\ 0100 \rightarrow 0x04$$
$$T1CCTL0\ |= 0x04;$$

表 5-2 定时器 1 通道 0 捕获/比较控制寄存器 T1CCTL0

位	名称	复位	操作	描 述
7	RFIRQ	0	R/W	当设置时，使用 RF 中断捕获，而不是常规捕获输入
6	IM	1	R/W	通道 0 中断屏蔽。 0：禁止通道 0 中断 1：使能通道 0 中断
5~3	CMP[2:0]	000	R/W	通道 0 比较模式选择
2	MODE	0	R/W	定时器 1 通道 x 的模式选择。 0：捕获模式 1：比较模式
1~0	CAP[1: 0]	00	R/W	通道 0 捕获模式选择。 00：未捕获 01：上升沿捕获 10：下降沿捕获 11：所有沿捕获

（4）定时器 1 状态寄存器 T1STAT。查 CC2530 数据手册，定时器 1 状态寄存器 T1STAT 如表 5-3 所示。

表 5-3 定时器 1 状态寄存器 T1STAT

位	位名称	复位	操作	描 述
7~6	—	00	R0	未使用，读为 0
5	OVFIF	0	R/W0	定时器 1 计数溢出中断标志，当自由运行模式下达到最终计数值时设置
4	CH4IF	0	R/W0	定时器 1 通道 4 的中断标志
3	CH3IF	0	R/W0	定时器 1 通道 3 的中断标志
2	CH2IF	0	R/W0	定时器 1 通道 2 的中断标志
1	CH1IF	0	R/W0	定时器 1 通道 1 的中断标志
0	CH0IF	0	R/W0	定时器 1 通道 0 的中断标志

若用模模式进行间隔定时，则在进入中断函数时，需要手工清除定时器 1 寄存器 T1STAT 的状态标志位。

在使用模模式时，定时器 1 状态寄存器 T1STAT 使用 CH0IF 的通道 0 标志。

任务三　基于定时器 1 模模式的秒闪灯

【任务要求】

（1）选择内部 16 MHz 时钟的 128 分频作为定时器 1 的计数信号。

（2）在定时器 1 模模式中实现 0.1 s 的间隔定时。

（3）在中断服务函数中，实现 1 s 的间隔定时，并翻转 D4 灯（LED4）的开关状态，以实现秒闪灯的功能，即 D4 灯亮 1 s，灭 1 s……实现 3 s 的间隔定时，并翻转 D6 灯（LED6）的开关状态，即 D6 灯亮 3 s，灭 3 s……

二维码 5-3

【任务实现】

步骤 1：绘制任务电路简图

根据 CC2530 电路图画出本任务电路简图，如图 5-5 所示。

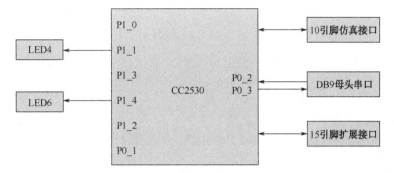

图 5-5　基于模模式的秒闪灯电路简图

步骤 2：理解定时器模模式的工作原理

（1）工作原理：定时器从 0x0000 开始在每个活动时钟边沿加 1，当计数达到 T1CC0 寄存器保存的值时产生溢出，定时器又从 0x0000 开始新一轮的递增计数。计数溢出后，自动将相应的标志位置 1；如果设置了相关的中断使能，则会产生一个中断请求。

（2）应用特点：模模式的计数周期不是固定值，可由用户自行设定。

（3）设计时，要注意定时器 1 的模模式需要开启其通道 0 的输出比较模式。

步骤 3：设置工程的基础环境

（1）新建文件夹，名称为"基于模模式的秒闪灯"。

（2）打开 IAR 软件，新建一个工作区。

（3）在工作区内，新建一个空的工程，保存到新建的文件夹中，工程名称为"基于模模式的秒闪灯.ewp"。

（4）配置芯片型号为 Texas Instruments 公司的 CC2530F256.i51。

（5）配置仿真器，仿真器驱动程序设置为"Texas Instruments"。

（6）新建代码文件，保存代码文件为"基于模模式的秒闪灯.c"。

（7）将代码文件"基于模模式的秒闪灯.c"添加到工程中。

（8）编写基础代码。

```
#include "ioCC2530.h"

void main()
{
  while(1)
  {
  }
}
```

编译，保存工作区，名称为"基于模式的秒闪灯工作区"。编译后出现"Done. 0 error(s), 0 warning(s)"时，说明工程基础环境设置正常。

步骤 4：宏定义 LED 灯

根据电路简图对 2 个 LED 灯进行宏定义。

```
#define D4 P1_1
#define D6 P1_4
```

步骤 5：编写端口初始化函数

设置 P1 端口组为通用 I/O 端口和输出模式，关闭 4 个 LED 灯。

```
void Init_Port()
{

}
```

根据 CC2530 数据手册，配置 D4、D6 引脚，并设置 4 个 LED 灯引脚的 GPIO 功能和输出方向。

（1）端口功能选择寄存器 PxSEL。

查 CC2530 数据手册"P1SEL（0xF4）端口 1 功能选择"，将 P1_0、P1_1、P1_3 和 P1_4 设置为通用 I/O 端口，则第 0、1、3、4 位置 0，即：

$$0000\ 0000 \rightarrow 0001\ 1011 \rightarrow 0x1B$$
$$P1SEL\ \&=\ ^\sim0x1B;$$

（2）端口方向寄存器 PxDIR。

查 CC2530 用户手册"P1DIR(0xFE)-端口 1 方向"，根据任务要求，P1_0、P1_1、P1_3 和 P1_4 设置为输出方向，则第 0、1、3、4 位置 1，即：

$$0000\ 0000 \rightarrow 0001\ 1011 \rightarrow 0x1B$$
$$P1DIR\ |=\ 0x1B;$$

（3）关闭 4 个 LED 灯。

$$P1\ \&=\ ^\sim0x1B;$$

（4）完整的端口初始化函数。

```
void Init_Port()
{
  P1SEL &= ~0x1B;
  P1DIR |= 0x1B;
  P1 &= ~0x1B;
}
```

步骤 6：初始化定时器

定时器时间到了后，就会执行相应的中断服务函数。中断服务函数分成两个部分：第一部分是起始语句，将中断函数与定时器 1 的中断向量关联；第二部分是在中断函数内写定时器将要处理的相应逻辑。

```
void Init_Timer1()
{
  //1-设置最大计数值
```

//2-开启通道 0 的比较模式

//3-使能定时器 1 的中断

//4-使能总中断

//5-设置定时器 1 的分频计数和工作模式

  }

（1）设置最大计数值。

$$T1CC0L = 0xD4;$$

$$T1CC0H = 0x30;$$

（2）开启通道 0 的比较模式。查 CC2530 数据手册，定时器 1 通道 x 捕获/比较控制寄存器 T1CCTLx 如表 5-4 所示。

表 5-4　定时器 1 通道 x 捕获/比较控制寄存器 T1CCTLx

位	位名称	复位	操作	描　　述
7	RFIRQ	0	R/W	当设置时，使用 RF 终端捕获，而不是常规捕获输入
6	IM	1	R/W	通道 x 中断屏蔽。 0：禁止通道 0 中断　　1：使能通道 0 中断
5～3	CMP[2:0]	000	R/W	通道 x 比较模式选择。当定时器的值等于 T1CC0 中的比较值时，选择操作输出。 000：在比较模式下设置输出 001：在比较模式下清除输出 010：在比较模式下切换输出 011：在向上比较时设置输出，在等于 T1CC0 时清除 100：在向上比较时清除输出，在等于 T1CC0 时设置 101：当等于 T1CC0 时清除，当等于 T1CC1 时设置 110：当等于 T1CC0 时设置，当等于 T1CC1 时清除 111：初始化输出引脚
2	MODE	0	R/W	定时器 1 通道 x 的模式选择。 0：捕获模式　　1：比较模式

由表 5-4 可知，开启通道 0（T1CCTL0）的比较模式是第 2 位置 1，即：

$$0000\ 0000 \rightarrow 0000\ 0100 \rightarrow 0x04$$

$$T1CCTL0\ |= 0x04;$$

（3）使能定时器 1 中断。CC2530 中定时器 1～定时器 4 的中断使能位分别是 IEN1 寄存器中的 T1IE、T2IE、T3IE 和 T4IE。T1IE 寄存器可以进行位操作，因此将定时器 1 的中断使能位寄存器 T1IE 置 1，就可达到中断使能的目的，即：

$$T1IE = 1;$$

（4）使能总中断。

$$EA = 1;$$

（5）设置定时器 1 的分频计数和工作模式。查 CC2530 数据手册，定时器 1 控制寄存器 T1CTL 的控制和状态如表 5-5 所示。

表 5-5　T1CTL 的控制和状态

位	名称	复位	操作	描　　述
7～4		0000 0	R0	保留
3～2	DIV[1:0]	00	R/W	分频设置，产生主动的时钟边沿来更新计数器： 00：标记频率/1　01：标记频率/8 10：标记频率/32　11：标记频率/128
1～0	MODE[1: 0]	00	R/W	选择定时器 1 模式，定时器操作模式通过下列方式选择： 00：暂停运行 01：自由运行模式，从 0x0000 到 0xFFFF 反复计数 10：模模式，从 0x0000 到 T1CC0 反复计数 11：正计数/倒计数模式，从 0x0000 到 T1CC0 反复计数，并且从 T1CC0 倒计数到 0x0000

高 4 位不使用；低 4 位分成两部分，3～2 位用于分频设置，1～0 位用于工作模式设置。依据任务，采用 128 分频。

$$0000\ 0000 \rightarrow 0000\ 1110 \rightarrow 0x0E$$
$$T1CTL = 0x0E;$$

（6）完成初始化定时器函数。

```
void Init_Time1()
{
  //1-设置最大计数值
  T1CC0L = 0XD4;
  T1CC0H = 0x30;
  // 2-开启通道 0 的比较模式
  T1CCTL0 |= 0x04;
  //3-使能定时器 1 的中断
  T1IE = 1;
  //4-使能总中断
  EA = 1;
  //5-设置定时器 1 的分频计数和工作模式
  T1CTL = 0x0E;
}
```

步骤 7：定时器的中断服务函数

（1）起始语句。

```
#pragma vector = ?
```

查找 "ioCC2530.h" 头文件中的 "Interrupt Vectors"（中断向量），如图 5-6 所示。用宏名 T1_VECTOR 代替定时器 1 的中断入口地址。

```
#pragma  vector = T1_VECTOR
```

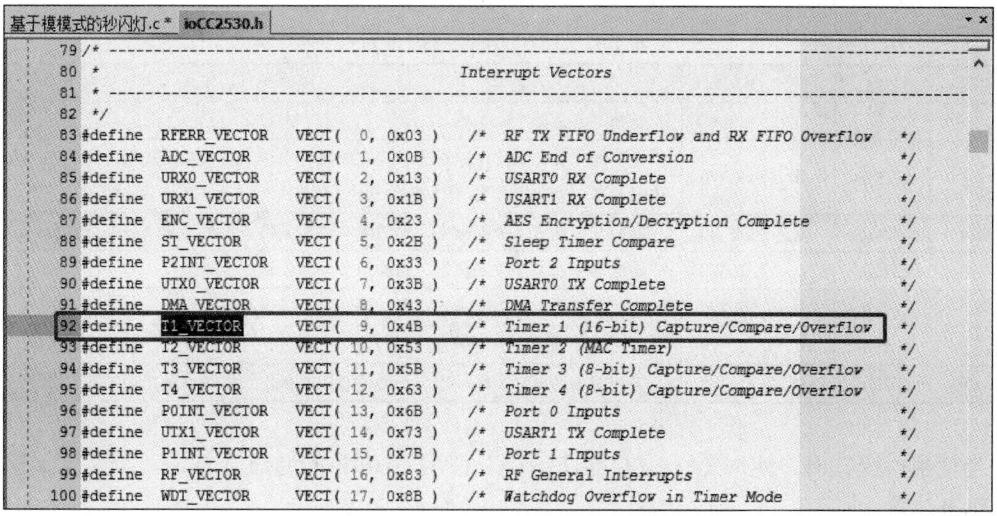

图 5-6　ioCC2530.h 中的中断向量

（2）写中断服务函数。

```
__interrupt void Service_Timer1()
{
}
```

① 定义计数变量。让定时器 1 在模模式上实现 0.1 s 定时，每 0.1 s 进入一次中断。定时 1 s，就需要进行 10 次 0.1 s 间隔定时，且需要定义一个变量 count 对 0.1 s 定时进行计数。

```
unsigned int count =0;
```

每进行一次 0.1 s 间隔定时，count 加 1。

```
count++;
```

count=1 就是 0.1 s，count=2 就是 0.2 s……count=10 就是 1 s。

② 实现 1 s 的间隔定时，并翻转 D4 灯（LED4）的开关状态，即 D4 灯亮 1 s，灭 1 s……

```
if((count % 10) == 0)
  {
    //1 s D4 灯翻转
    D4 = ~D4;
  }
```

③ 实现 3 s 的间隔定时，并翻转 D6 灯（LED6）的开关状态，即 D6 灯亮 3 s，灭 3 s……

```
if(count == 30)
  {
    D6 = ~D6;
    count = 0;
  }
```

④ 标志位置 0。模模式使用了通道 0 的比较模式进行定时，所以产生的中断标志是通道 0 的中断标志。查 CC2530 数据手册，定时器 1 状态寄存器 T1STAT 的状态设置如表 5-6 所示。

表 5-6 T1STAT 的状态设置

位	名称	复位	R/W	描述
7～6	—	0	R0	保留
5	OVFIF	0	R/W0	定时器 1 计数溢出中断标志。当定时器在自由运行或模式下达到最终计数值时设置；当在正计数/倒计数模式下达到零时倒计数，写 1 没有影响
4	CH4IF	0	R/W0	定时器 1 通道 4 中断标志。当通道 4 中断条件产生时设置，写 1 没有影响
3	CH3IF	0	R/W0	定时器 1 通道 3 中断标志。当通道 3 中断条件产生时设置，写 1 没有影响
2	CH2IF	0	R/W0	定时器 1 通道 2 中断标志。当通道 2 中断条件产生时设置，写 1 没有影响
1	CH1IF	0	R/W0	定时器 1 通道 1 中断标志。当通道 1 中断条件产生时设置，写 1 没有影响
0	CH0IF	0	R/W0	定时器 1 通道 0 中断标志。当通道 0 中断条件产生时设置，写 1 没有影响

当使用模模式时，定时器 1 寄存器 T1STAT 使用 CH0IF 的通道 0 标志。需手工清除标志位，第 0 位置 1。

$$0000\ 0000 \rightarrow 0000\ 0001 \rightarrow 0x01$$
$$T1STAT\ \&=\ \tilde{\ }0x01;$$

（6）完成中断服务函数。

```
#pragma vector = T1_VECTOR
__interrupt void Service_Timer1()
{

    count++;
    if((count % 10) == 0)        //判断是否是 10 的倍数
    {
        D4 = ~D4;                //1 s D4 灯翻转
    }
    if(count == 30)              //判断 3 s 定时
    {
        D6 = ~D6;
        count = 0;
    }
    T1STAT &= ~0x01;             //清除通道 0 的标志
}
```

步骤 8：编写主函数

首先初始化端口，然后初始化定时器。

```
void main()
{
  Init_Port();
  Init_Time1();
  while(1)
  {
  }
}
```

编译调试。

【任务代码】

```c
#include "ioCC2530.h"

#define D4 P1_1
#define D6 P1_4
/*******************************************************
函数名称：Init_Port()
功能：端口初始化
********************************************************/
unsigned int count =0;

void Init_Port()
{
  P1SEL &= ~0x1B;
  P1DIR |= 0x1B;
  P1 &= ~0x1B;
}
/*******************************************************
函数名称：Init_Time1()
功能：定时器初始化
********************************************************/
void Init_Time1()
{
    //1-设置最大计数值
    T1CC0L = 0XD4;
    T1CC0H = 0x30;
    // 2-开启通道0的比较模式
    T1CCTL0 |= 0x04;
    //3-使能定时器1的中断
    T1IE = 1;
    //4-使能总中断
    EA = 1;
    //5-设置定时器1的分频计数和工作模式
    T1CTL = 0x0E;
}
/*******************************************************
函数名称：Service_Timer1()
功能：定时器中断服务函数
********************************************************/
#pragma vector = T1_VECTOR
__interrupt void Service_Timer1()
{
    count++;
    if((count % 10) == 0)          //判断是否是10的倍数
```

```
        {
            D4 = ~D4;                   //1 s D4 灯翻转

        }
    if(count == 30)                     //判断 3 s 定时
    {
        D6 = ~D6;
        count = 0;
    }
    T1STAT &= ~0x01;                    //清除通道 0 的标志
}
/****************************************************
函数名称：main()
功能：程序的入口
****************************************************/
void main()
{
    Init_Port();
    Init_Time1();
    while(1)
    {
    }
}
```

任务四　基于定时器的长按与短按

【任务要求】

（1）选择内部 16 MHz 时钟 128 分频作为定时器 1 的计数信号。

（2）在定时器 1 的模模式中实现 0.1 s 的间隔定时。

（3）当 SW1 按键长按并松开后，切换 D4 灯（LED4）的开关状态；当 SW1 按键短按并松开后，切换 D6 灯（LED6）的开关状态。（按键按下时间大于 0.5 s，则定义为长按；反之为短按。）

（4）利用定时器间隔功能测定按键按下的时间。

二维码 5-4

【视频教程】

基于定时器的长按与短按视频教程，请扫描二维码 5-4。

【任务实现】

步骤 1：了解前后台程序设计的思维模式

（1）前台系统：一般指中断级程序，即中断服务函数。

（2）后台系统：一般指任务级程序。

（3）实现逻辑：中断服务函数中的逻辑处理受到主函数运行的制约，主函数中的某些功能又取决于中断服务函数中的变量，两者相互关联，相互制约，协同运行。

步骤 2：理解长按与短按的基本原理和实现过程

（1）基本原理：判断按键的长按与短按，实际上就是测量按键按下的时间，根据这个时间参数来决定按键按下的状态。

（2）实现过程：在后台程序中，扫描按键状态，按下和松开时分别标志不同的变量，对按键的按下时间进行判断，决定按键是长按还是短按。在前台程序中，进行 0.1 s 的不间断定时，当发现有按键按下时，开始计算按键按下的时间；按键松开时，结束该时间的计算。

步骤 3：绘制任务电路简图

根据 CC2530 电路图画出本任务电路简图，如图 5-7 所示。

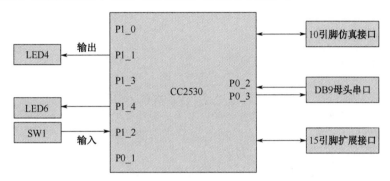

图 5-7　基于定时器的长按与短按电路简图

步骤 4：设置工程的基础环境

（1）新建空的文件夹，名称为"基于定时器的长按与短按"。

（2）打开 IAR 软件，新建一个工作区。

（3）在工作区内，新建一个空的工程，保存到新建的文件夹中，工程名称为"基于定时器的长按与短按.ewp"。

（4）配置芯片型号为 Texas Instruments 公司的 CC2530F256.i51。

（5）配置仿真器。仿真器驱动程序设置为"Texas Instruments"。

（6）新建代码文件，保存代码文件为"基于定时器的长按与短按.c"。

（7）将代码文件"基于定时器的长按与短按.c"添加到工程中。

（8）编写基础代码。

```
#include "ioCC2530.h"

void main()
{
    while(1)
    {
    }
}
```

编译，保存工作区，名称为"基于定时器的长按与短按工作区"。编译后出现"Done. 0 error(s)，0 warning(s)"时，说明工程基础环境设置正常。

步骤 5：宏定义 LED 灯

根据电路简图对 2 个 LED 灯和 SW1 按键进行宏定义。

```
#define D4 P1_1
#define D6 P1_4
#define SW1 P1_2
```

步骤 6：编写延时函数

```
void Delay(unsigned int t)
{
    while(t--);
}
```

步骤 7：编写端口初始化函数

将 P1 端口组设置为通用 I/O 端口、输出模式。配置方法参见模块三任务二的步骤 5（编写端口初始化函数）。

```
void Init_Port()
{
    //选择端口的功能：将 P1_0、P1_1、P1_3、P1_4 设置为通用 I/O 端口
    P1SEL &= ~0x1B;      //0000 0000→0001 1011→ 0x1B
    // 配置端口的方向：将 P1_0、P1_1、P1_3、P1_4 设置为输出
    P1DIR |= 0x1B;       // 0001 1011
    P1 &= ~0x1B;  //关闭 4 个 LED 灯
     //配置 SW1 按键引脚
    P1SEL &= ~0x04;      //将 P1_2 端口设置为 GPIO 端口置 0 操作
    P1DIR &= ~0x04;      //将 P1_2 端口设置为输入模式，第 2 位置 0
    P1INP &= ~0x04;      //按键 SW1 是连接到 P1_2 端口的，因此上拉/下拉模式是 P1INP 置 0
    P2INP &= ~0x40;      //将 SW1 按键引脚设置为上拉模式，高 3 位的第 6 位 P1 置 0 是上拉
}
```

步骤 8：编写定时器函数

请参考本模块任务三的步骤 6 "初始化定时器" 部分。

（1）初始化定时器 1。将 16 MHz 时钟源 128 分频进行 0.1 s 的间隔定时，最大计数值是 0x30D4，即：

$$T1CC0L = 0xD4;$$
$$T1CC0H = 0x30;$$

（2）开启定时器 1 通道 0 的比较模式。

$$T1CCTL0 |= 0x04;$$

（3）使能定时器 1 的中断。

$$T1IE = 1;$$

（4）使能总中断。

$$EA = 1;$$

（5）设置 128 分频，工作模式为模模式。

$$T1CTL = 0x01;$$

（6）完成定时器函数的编写。

```
void Init_Timer1()
{
```

```
    T1CC0L = 0xD4;
    T1CC0H = 0x30;

    T1CCTL0 |= 0x04;

    T1IE = 1;
    EA = 1;

    T1CTL = 0x0E;
}
```

步骤 9：编写中断函数

（1）按键按下和松开的设定。通过引脚的低电平判断按键按下，通过引脚高电平判断按键松开。设置标志位，当按键按下时置 1，即

```
    K_Press =1;
```

当按键松开时置 0，即

```
    K_Press = 0;
```

（2）0.1 s 中断服务问题。定义一个计数变量 count 来判断长按和短按。

count > 5 时为长按，切换 D4 灯的开关状态。

（3）编写中断函数的定时器 1 的中断入口地址语句。

```
    #pragma vector = T1_VECTOR;
```

（4）定义中断服务函数。

```
    __interrupt void Service_Timer1()
    unsigned K_Press = 0;        //定义变量按下的标志
    unsigned int count = 0;      //定义统计按键按下的时间
```

（5）编写判断按键按下的语句。

```
    if(K_Press == 1)
    {
      count++;
    }
```

（6）完成定时器中断服务函数。

```
    #pragma vector = T1_VECTOR
    __interrupt void Service_Timer1()
    {
      if(K_Press == 1)              //计算按键按下的时间
      {
        count++;
      }
    }
```

步骤 10：编写按键扫描函数

```
    void Scan_Keys()
```

```
    {
      if(SW1 == 0)
      {
        Delay(200);                  //去抖动处理
        if(SW1 == 0)
        {
            K_Press = 1;             //标志按键按下状态
            while(SW1 == 0);         //等待按键松开
            K_Press = 0;             //标志按键松开状态
            if(count > 5)            //如果按下时间大于 0.5 s，则为长按
            {
               D4 = ~D4;
            }
            else                     //如果按下时间不大于 0.5 s，则为短按
            {
                D6 = ~D6;
            }
            count = 0;               //按键按下时间变量置 0
        }
      }
    }
```

步骤 11：编写主函数

```
void main()
{
    Init_Port();
    Init_Timer1();
    while(1)
    {
        Scan_Keys();
    }
}
```

编译调试。

【任务代码】

```
#include "ioCC2530.h"

#define D4 P1_1
#define D6 P1_4
#define SW1 P1_2

unsigned char K_Press = 0;
unsigned int count = 0;
/*****************************************************
函数名称：Delay()
```

功　能：简单延时
```
******************************************************/
void Delay(unsigned char t)
{
  while(t--);
}
/******************************************************
```
函数名称：Scan_Keys()
功　能：扫描按键
```
******************************************************/
void Init_Port()
{
  P1SEL &= ~0x1B;
  P1DIR |= 0x1B;
  P1 &= ~0x1B;

  P1SEL &= ~0x04;
  P1DIR &= ~0x04;
  P1INP &= ~0x04;
  P2INP &= ~0x40;
}
/******************************************************
```
函数名称：Init_Time1()
功能：定时器初始化
```
******************************************************/
void Init_Timer1()
{
  T1CC0L = 0xD4;
  T1CC0H = 0x30;

  T1CCTL0 |= 0x04;

  T1IE = 1;
  EA = 1;

  T1CTL = 0x0E;
}
/******************************************************
```
函数名称：Service_INTP1()
功能：中断服务函数
```
******************************************************/
#pragma vector = T1_VECTOR
__interrupt void Service_Timer1()
{
  if(K_Press == 1)            //计算按键按下的时间
```

```
        {
            count++;
        }
}
/*****************************************************
函数名称：Scan_Keys()
功  能：扫描按键
*****************************************************/
void Scan_Keys()
{
if(SW1 == 0)
    {
        Delay(200);              //去抖动处理
        if(SW1 == 0)
        {
          K_Press = 1;           //标志按键按下状态
          while(SW1 == 0);       //等待按键松开
          K_Press = 0;           //标志按键松开状态
          if(count > 5)          //如果按下时间大于0.5 s，则为长按
          {
            D4 = ~D4;
          }
          else                   //如果按下时间不大于0.5 s，则为短按
          {
            D6 = ~D6;
          }
          count = 0;             //按键按下时间变量置0
        }
    }
}

/*****************************************************
函数名称：main()
功  能：程序的入口
*****************************************************/
void main()
{
  Init_Port();
  Init_Timer1();
  while(1)
  {
      Scan_Keys();
  }
}
```

任务五　前后台程序设计思维模式

【任务要求】

（1）后台工作：扫描按键状态，在按键按下和松开时分别标志不同的变量值，并且对按键的按下时间 T 进行判断，决定按键是长按还是短按。

（2）前台工作：定时器循环进行 0.1 s 间隔定时。按键按下时，开始计算时间；按键一松开，就结束计算时间。

【视频教程】

本任务的视频教程，请扫描二维码 5-5。

二维码 5-5

【任务实现】

步骤 1：理解前台和后台的基本思维模式

中断服务函数中的逻辑处理受到主函数运行的制约，这种制约通过全局变量传递给中断服务函数中的变量。中断服务函数里也会对程序里的某些全局变量做出改变，这种改变又会影响主函数的某些功能。

因此，前后台系统相互关联，相互制约，协同运行。在一些多任务小应用程序里，通过前台和后台可以达到一些同步的效果。

步骤 2：深入理解"基于定时器的长按与短按"

"基于定时器的长按与短按"包含了后台工作和前台工作思想。

后台工作：对按键状态进行扫描，按键按下和松开要在程序上表达出来，就需要设置不同的变量值或者状态变量。通过状态变量不同的值来标志按键是按下状态还是松开状态。在按下按键时，就开始计算时间，松开时就结束这段时间的计算。这段时间，就是按键按下的时间，是我们要获得的一个参数，根据这个参数我们就可以决定按键按下的状态是长按还是短按。如何得到这个时间呢？这需要前台的工作来完成。

前台工作：前台实际上就是一个定时器，间隔定时的中断服务函数每隔 0.1 s 进入一次中断函数。进入中断函数时是否对这个时间进行累计，取决于按键的工作状态：如果按键是按下状态，就对 0.1 s 进行累计，进入 1 次中断函数是 0.1 s，进入 2 次中断函数就是 0.2 s，进入 3 次中断函数就是 0.3 s，以此类推。通过统计进入 0.1 s 中断函数的次数，就获得了按键按下持续的时间。当按键松开时，就结束计算时间。

因此，前台的工作就受到了后台的制约，统计计数什么时候开始，不是由前台决定的，而是由按键按下、松开的状态决定的。前台和后台相当于两个小任务、小程序，协同完成了按键长按、短按的判断。

前后台系统设计模式如图 5-8 所示。

后台系统对按键的按下和松开进行检测和标志。

前台系统执行 0.1 s 中断服务函数。中断函数中有变量"T"，用来统计按键按下的时间。"T"

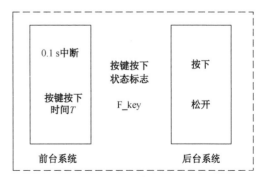

图 5-8　前后台系统设计模式

的开始和结束分别由后台按键的按下和松开决定。

后台系统要把按键按下和松开的状态告诉前台系统,这是通过全局变量按键按下状态标志 F_key 实现的。如果这个变量为 0,就是按键松开;如果为 1,就是按键按下。在编程中通过 IF 语句进行判断。如果 F_key 为 1,就执行 T++。每进来一次就判断一次 F_key,如果为 1,就执行 T++,一直加到按键松开 F_key 为 0。F_key 值的改变是在后台进行的,这样就形成了前后台的联动。一旦发现 F_key 为 0,"T"就不再加 1,而是跳过。"T"什么时候累加,由状态标志 F_key 决定,而 F_key 的改变由后台按键的按下和松开决定。

当后台从按键按下到松开读取"T"值时,判断"T"加到多少次,如果是 6 次就是 0.6 s,"T"就置 0,为下次累加做准备。通过"T"的值是否大于 0.5 来判断是长按还是短按。

任务六　基于定时器的跑马灯控制

【任务要求】

(1)选择内部 16 MHz 时钟的 128 分频作为定时器 1 的计数信号。

(2)以模模式启动定时器 1,进行 0.1 s 的间隔定时。

(3)上电后 4 个 LED 灯全部熄灭。第 1 次按下 SW2 按键时,D4 灯(LED4)亮;0.5 s 后,D3 灯(LED3)亮;0.5 s 后,D6 灯(LED6)亮;0.5 s 后,D5 灯(LED5)亮;0.5 s 后,全部灯灭。第 2 次按下 SW2 按键,D5 灯亮,其余灯灭;0.5 s 后,D6 灯亮,其余灯灭;0.5 s 后,D3 灯亮,其余灯灭;0.5 s 后,D4 灯亮,其余灯灭;0.5 s 后,全部灯灭。如此往复。

【视频教程】

基于定时器的跑马灯控制视频教程,请扫描二维码 5-6。

二维码 5-6

【任务实现】

步骤 1:绘制任务电路简图

根据 CC2530 电路图画出本任务电路简图,如图 5-9 所示。

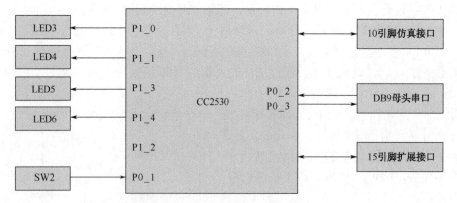

图 5-9　基于定时器的跑马灯控制电路简图

步骤 2:设置工程的基础环境

(1)新建文件夹,名称为"基于定时器的跑马灯控制"。

(2)打开 IAR 软件,新建一个工作区。

（3）在工作区内，新建一个空的工程，保存到新建的文件夹中，工程名称为"基于定时器的跑马灯控制.ewp"。

（4）配置芯片型号为 Texas Instruments 公司的 CC2530F256.i51。

（5）配置仿真器。仿真器驱动程序设置为"Texas Instruments"。

（6）新建代码文件，保存代码文件为"基于定时器的跑马灯控制.c"。

（7）将代码文件"基于定时器的跑马灯控制.c"添加到工程中。

（8）编写基础代码。

```c
#include "ioCC2530.h"

void main()
{
  while(1)
  {
  }
}
```

编译，保存工作区，名称为"基于定时器的跑马灯控制工作区"。编译后出现"Done. 0 error(s), 0 warning(s)"时，说明工程基础环境设置正常。

步骤3：宏定义 LED 灯

根据电路简图对 4 个 LED 灯和按键 SW2 进行宏定义。

```c
#define D3 P1_0
#define D4 P1_1
#define D5 P1_3
#define D6 P1_4
#define SW2 P0_1
```

步骤4：编写简单延时函数

```c
void Delay(unsigned int t)
{
  while(t--);
}
```

步骤5：编写端口初始化函数

参照本模块任务三，编写 LED 灯引脚初始化函数和按键 SW2 引脚初始化函数。

```c
void Init_Port()
{
  //LED 灯引脚初始化
  P1SEL &= ~0x1B;     //将 P1_0、P1_1、P1_3 和 P1_4 设为通用 I/O 端口
  P1DIR |= 0x1B;      //将 P1_0、P1_1、P1_3 和 P1_4 设为输出方向
  P1 &= ~0x1B;        //将 P1_0、P1_1、P1_3 和 P1_4 设为输出低电平
  //按键 SW2 引脚初始化
  P0SEL &= ~0x02;     //将 P0_1 设为通用 I/O 端口
  P0DIR &= ~0x02;     //将 P0_1 设为输入方向
  P0INP &= ~0x02;     //将 P0_1 配置为：上拉/下拉
```

```
    P2INP &= ~0x20;      //将 P0_1 配置为：上拉
}
```

步骤 6：编写定时器 1 初始化函数

```
void Init_Timer1()
{
    //1-设置最大计数值 0x30D4，16 MHz 时钟下定时 100 ms
    T1CC0L = 0xD4;
    T1CC0H = 0x30;
    //2-开启通道 0 的比较模式
    T1CCTL0 |= 0x04;
    //3-使能定时器相应中断控制
    T1IE = 1;
    EA = 1;
    //4-启动定时器 1
    T1CTL = 0x0E;    //0000 1110
}
```

步骤 7：编写定时器 1 中断服务函数

```
#pragma vector = T1_VECTOR
__interrupt void Service_timer1()
{
    if(F_time == 1)
    {
        count++;                //0.1 s 定时累计
    }
}
```

步骤 8：编写 LED 跑马灯函数

```
void LED_Running()
{
    switch(F_key)                //选择跑马灯的控制模式
    {
    case 1:                      //模式 1
        if(count == 5)
        {
            D3 = 1;
        }
        else if(count == 10)
        {
            D6 = 1;
        }
        else if(count == 15)
        {
            D5 = 1;
        }
```

```
        else if(count == 20)
        {
          D4 = 0;
          D3 = 0;
          D6 = 0;
          D5 = 0;
          F_time = 0;
          count = 0;
        }
        break;

      case 2:                          //模式 2
        if(count == 5)
        {
          D6 = 1;
        }
        else if(count == 10)
        {
          D3 = 1;
        }
        else if(count == 15)
        {
          D4 = 1;
        }
        else if(count == 20)
        {
          D4 = 0;
          D3 = 0;
          D6 = 0;
          D5 = 0;
          F_time = 0;
          count = 0;
          F_key = 0;
        }
        break;
    }
}
```

步骤 9：编写按键扫描处理函数

```
void Scan_Keys()
{
  if(SW2 == 0)
  {
    Delay(200);              //去抖动处理
    if(SW2 == 0)             //确认按键按下
```

```
    {
        while(SW2 == 0);          //等待按键松开

        F_time = 1;               //启动 0.1 s 定时累计
        if(F_key == 0)            //切换跑马灯控制模式
        {
            F_key = 1;
            D4 = 1;
        }
        else if(F_key == 1)
        {
            F_key = 2;
            D5 = 1;
        }
    }
}
```

步骤 10：编写主函数

```
void main()
{
    Init_Port();              //端口初始化
    Init_Timer1();            //定时器 1 初始化
    while(1)
    {
        Scan_Keys();          //循环扫描按键
        LED_Running();        //循环实现跑马灯控制
    }
}
```

编译调试。

【任务代码】

```
#include "ioCC2530.h"

#define D3 P1_0
#define D4 P1_1
#define D5 P1_3
#define D6 P1_4
#define SW2 P0_1

unsigned int count = 0;
unsigned char F_time = 0;
unsigned char F_key = 0;
/*******************************************************
函数名称：Delay()
```

功能：简单延时

```
**********************************************************/
void Delay(unsigned int t)
{
  while(t--);
}
/*********************************************************
函数名称：Init_Port()
功能：端口初始化函数
*********************************************************/
void Init_Port()
{
  //LED 灯引脚初始化
  P1SEL &= ~0x1B;      //将 P1_0、P1_1、P1_3 和 P1_4 设为通用 I/O 端口
  P1DIR |= 0x1B;       //将 P1_0、P1_1、P1_3 和 P1_4 设为输出方向
  P1 &= ~0x1B;         //将 P1_0、P1_1、P1_3 和 P1_4 设为输出低电平
  //按键 SW2 引脚初始化
  P0SEL &= ~0x02;      //将 P0_1 设为通用 I/O 端口
  P0DIR &= ~0x02;      //将 P0_1 设为输入方向
  P0INP &= ~0x02;      //将 P0_1 配置为：上拉/下拉
  P2INP &= ~0x20;      //将 P0_1 配置为：上拉
}
/*********************************************************
函数名称：Init_Timer1()
功能： 定时器 1 初始化函数
*********************************************************/
void Init_Timer1()
{
  //1-设置最大计数值 0x30D4，16 MHz 时钟下定时 100 ms
  T1CC0L = 0xD4;
  T1CC0H = 0x30;
  //2-开启通道 0 的比较模式
  T1CCTL0 |= 0x04;
  //3-使能定时器相应中断控制
  T1IE = 1;
  EA = 1;
  //4-启动定时器 1
  T1CTL = 0x0E;    //0000 1110
}

#pragma vector = T1_VECTOR
__interrupt void Service_timer1()
{
  if(F_time == 1)
  {
```

```
      count++;                          //0.1 s 定时累计
  }
}
/*****************************************************
函数名称: LED_Running()
功能: 跑马灯函数
*****************************************************/
void LED_Running()
{
  switch(F_key)                     //选择跑马灯的控制模式
  {
  case 1:                           //模式 1
    if(count == 5)
    {
      D3 = 1;
    }
    else if(count == 10)
    {
      D6 = 1;
    }
    else if(count == 15)
    {
      D5 = 1;
    }
    else if(count == 20)
    {
      D4 = 0;
      D3 = 0;
      D6 = 0;
      D5 = 0;
      F_time = 0;
      count = 0;
    }
    break;

  case 2:                           //模式 2
    if(count == 5)
    {
      D6 = 1;
    }
    else if(count == 10)
    {
      D3 = 1;
    }
    else if(count == 15)
```

```
      {
        D4 = 1;
      }
      else if(count == 20)
      {
        D4 = 0;
        D3 = 0;
        D6 = 0;
        D5 = 0;
        F_time = 0;
        count = 0;
        F_key = 0;
      }
      break;
    }
}
/********************************************************
函数名称：Scan_Keys()
功能：按键扫描处理函数
********************************************************/
void Scan_Keys()
{
  if(SW2 == 0)
  {
    Delay(200);                //去抖动处理
    if(SW2 == 0)               //确认按键按下
    {
      while(SW2 == 0);         //等待按键松开

      F_time = 1;              //启动0.1s定时累计
      if(F_key == 0)           //切换跑马灯控制模式
      {
        F_key = 1;
        D4 = 1;
      }
      else if(F_key == 1)
      {
        F_key = 2;
        D5 = 1;
      }
    }
  }
}
```

```
/*****************************************************
函数名称：main()
功能：程序的入口
*****************************************************/
void main()
{
  Init_Port();                //端口初始化
  Init_Timer1();              //定时器 1 初始化
  while(1)
  {
    Scan_Keys();             //循环扫描按键
    LED_Running();           //循环实现跑马灯控制
  }
}
```

任务七　定时器 1 自由运行模式 PWM 单路呼吸灯

【任务要求】

使用定时器/计数器控制 LED 灯的闪烁，实现呼吸灯效果。

（1）实现脉宽调制（PWM）输出，以控制 LED1；

（2）使用自由运行模式启动定时器，输出 PWM 波来改变 LED 灯的亮度；

（3）LED1 的亮度从暗到亮，达到最大亮度时再从最暗逐渐变亮。

【任务准备】

（1）已经安装的 IAR 集成开发环境；

（2）CC2530 开发板（XMF09B）；

（3）SmartRF04EB 仿真器；

（4）XMF09B 电路原理图；

（5）CC2530 中文数据手册。

【任务实现】

步骤 1：了解呼吸灯和脉宽调制（PWM）

呼吸灯就是让 LED 灯的闪光像呼吸一样，由亮到暗逐渐变化，感觉好像是人在呼吸。编写程序实现 PWM 输出驱动 LED 灯，是控制 PWM 电平的宽度，使 LED 灯由暗逐渐变亮，或由亮逐渐变暗，利用 LED 灯余辉和人眼的视觉存留现象，模拟呼吸过程。PWM 在我们实际应用开发中很常见，例如：驱动电动机的正转、反转，LED 的亮度变化，蜂鸣器的声音高低。PWM 控制在工业应用上尤为重要。

步骤 2：编写 PWM 初始化函数

（1）设置定时器 I/O 外设，选择备用位置 2。在 CC2530 数据手册中搜索"TIMER1"，结果如图 5-10 所示。

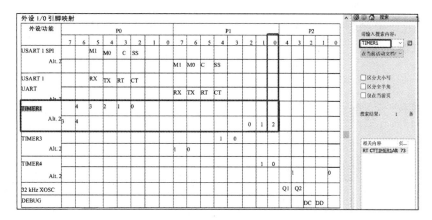

图 5-10　外设 I/O 引脚映射

TIMER1 定时器 P1_0 端口要选择备用位置 2。

（2）确定外设控制寄存器 PERCFG 的值。在 CC2530 数据手册中搜索 "PERCFG"，结果如图 5-11 所示。

位	名称	复位	R/W	描述
PERCFG (0xF1) - 外设控制				
7	-	0	R0	没有使用
6	T1CFG	0	R/W	定时器 1 的 I/O 位置 0：　备用位置 1 1：　备用位置 2
5	T3CFG	0	R/W	定时器 3 的 I/O 位置 0：　备用位置 1 1：　备用位置 2
4	T4CFG	0	R/W	定时器 4 的 I/O 位置 0：　备用位置 1 1：　备用位置 2
3:2	-	00	R0	没有使用
1	U1CFG	0	R/W	USART 1的 I/O 位置 0　备用位置 1 1　备用位置2
0	U0CFG	0	R/W	USART 0的I/O位置 0：　备用位置 1 1：　备用位置 2

图 5-11　PERCFG 外设控制

选择备用位置 2，LED4 所在的端口是 P1_1，选择通道 1，即：

$$0000\ 0000 \rightarrow 0100\ 0000 \rightarrow 0x40;$$
$$PERCFG\ |= 0x40;$$

（3）设置端口。在 CC2530 数据手册中搜索 "P1SEL"，结果如图 5-12 所示。将 P1_1 端口设置为外设功能，即：

$$0000\ 0000 \rightarrow 0000\ 0010 \rightarrow 0x02$$
$$P1SEL\ |= 0x02;$$

位	名称	复位	R/W	描述
P1SEL (0xF4) - 端口 1 功能选择				
7:0	SELP1_[7:0]	0x00	R/W	P1.7 到 P0.0 功能选择 0：　通用I/O 1：　外设功能

图 5-12　P1SEL 端口功能选择寄存器

（4）在 CC2530 数据手册中搜索"T1CCTL1"，结果如图 5-13 所示。设置定时器 1 通道 1 为向上比较控制，即：

$$0000\ 0000 \rightarrow 0100\ 0010 \rightarrow 0x64$$

$$T1CCTL1 \quad | = 0x64;$$

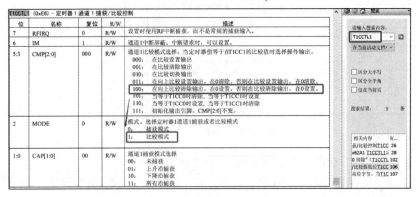

图 5-13   T1CCTL1(0xE6)-定时器 1 通道 1 捕获/比较控制

（5）在 CC2530 数据手册中搜索"T1CC1L"，结果如图 5-14 所示。设置定时器 1 通道 1 捕获/比较低 8 位字节，即：

$$T1CC1L = 0x64;$$

T1CC1L (0xDC) - 定时器 1 通道 1 捕获/比较值低位				
位	名称	复位	R/W	描述
7:0	T1CC1[7:0]	0x00	R/W	定时器 1 通道 1 捕获/比较值，低位字节。写入该寄存器的数据存储到一个缓存中，但是不写入 T1CC1[7:0]，直到同时后一次写入 T1CC1H 生效。

图 5-14   T1CC1L(0xDC)-定时器 1 通道 1 捕获/比较值低位

（6）设置定时器 1 通道 1 捕获/比较高 8 位字节（如图 5-15 所示），即：

$$T1CC1H = 0x00;$$

T1CC1H (0xDD) - 定时器 1 通道 1 捕获/比较值高位				
位	名称	复位	R/W	描述
7:0	T1CC1[15:8]	0x00	R/W	定时器 1 通道 1 捕获/比较值，高位字节。当 T1CCTL1.MODE = 1（比较模式）时写该寄存器导致 T1CC1[15:0] 更新写入值延迟到 T1CNT = 0x0000。

图 5-15   设置定时器 1 通道 1

（7）在 CC2530 数据手册中搜索"T1CTL"，结果如图 5-16 所示。设置定时器 1 的控制和状态，即：

$$0000\ 0000 \rightarrow 0000\ 0001 \rightarrow 0x01$$

$$T1CTL = 0x01;$$

图 5-16   T1CTL(0xE4)-定时器 1 的控制和状态

自由运行模式下的比较模式：当计数值等于比较寄存器中的值时，输出高电平；当计数值等于 0 时清除，也就是输出低电平。

（8）PWM 初始化函数如下。

```
void Init_PWM()
{
    PERCFG = 0x40;          //定时器的 I/O 外设选择备用位置 2 通道 1——P1_1
    P1SEL |= 0x02;          //将 P1_1 端口设置成外设功能
    T1CCTL1 = 0x64;         //选择定时器 1 的通道 1 为向上比较清除输出
    T1CC1L = 0xff;          //PWM 脉宽参数低 8 位
    T1CC1H = PWM_H;         //PWM 脉宽参数高 8 位
    T1CTL = 0x01;           //以自由运行模式启动定时器
    T1IE = 1;               //使能定时器 1 中断
    EA = 1;                 //打开总中断
}
```

【任务代码】

```
#include "ioCC2530.h"

#define D3 P1_0
#define D4 P1_1
#define D5 P1_3
#define D6 P1_4

unsigned char PWM_H = 0x00;    //PWM 脉宽参数
unsigned char F_PWM = 0;       //PWM 脉宽变化方向标志
/***************************************************
函数名称：Init_Port()
功能：端口初始化
***************************************************/
void Init_Port()
{
    //初始化 LED 灯的 I/O 端口
    P1SEL &= ~0x1b;     //将 P1_0、P1_1、P1_3 和 P1_4 作为通用 I/O 端口
    P1DIR |= 0x1b;      //将 P1_0、P1_1、P1_3 和 P1_4 作为输出端口
    //关闭所有的 LED 灯
    D3 = 0;
    D4 = 0;
    D5 = 0;
    D6 = 0;
}
/***************************************************
函数名称：Init_PWM()
功能：PWM 初始化函数
***************************************************/
```

```
void Init_PWM()
{
    PERCFG = 0x40;          //定时器的 I/O 外设选择备用位置 2 通道 1——P1_1
    P1SEL |= 0x02;          //将 P1_1 端口设置成外设功能
    T1CCTL1 = 0x64;         //定时器 1 的通道 1 为向上比较清除输出
    T1CC1L = 0xff;          //PWM 脉宽参数低 8 位
    T1CC1H = PWM_H;         //PWM 脉宽参数高 8 位
    T1CTL = 0x01;           //以自由运行模式启动定时器
    T1IE = 1;               //使能定时器 1 中断
    EA = 1;                 //打开总中断
}
/*********************************************************
函数名称：PWM_Service()
功能：定时器 1 中断服务函数
*********************************************************/
#pragma vector = T1_VECTOR
__interrupt void PWM_Service()
{
    T1STAT &= ~0x02;        //清除定时器 1 通道 1 的中断标志

    if(F_PWM == 0)          //判断 PWM 脉宽变化的方向标志
    {
        PWM_H++;            //PWM 脉宽增大
        if(PWM_H == 255)    //PWM 脉宽到达最大值
        {
            F_PWM = 1;      //将 PWM 脉宽方向标志改为减小
        }
    }
    else if(F_PWM == 1)     //判断 PWM 脉宽变化的方向标志
    {
        PWM_H--;            //PWM 脉宽减小
        if(PWM_H == 0x00)   //PWM 脉宽达到设置的最小值
        {
            F_PWM = 0;      //将 PWM 脉宽方向标志改为增大
        }
    }
    T1CC1L = 0xff;          //重新装载参数
    T1CC1H = PWM_H;
}
/*********************************************************
函数名称：main()
功 能：程序的入口
*********************************************************/
void main()
{
```

```
      Init_Port();
      Init_PWM();
      while(1);
  }
```

习　题

一、单项选择题

1. 下图表示的运行方式是 CC2530 定时器/计数器的（　　　）工作方式。

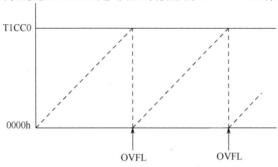

 A. 倒计数模式   B. 模模式

 C. 正计数/倒计数模式   D. 自由运行模式

2. 在 CC2530 定时器 1 工作模式中，从 0x0000 计数到 T1CC0 并且从 T1CC0 计数到 0x0000 的工作模式是（　　　）。

 A. 倒计数模式   B. 模模式

 C. 正计数/倒计数模式   D. 自由运行模式

3. 在 CC2530 中，也叫作 MAC 定时器的是（　　　）。

 A. 睡眠定时器 B. 定时器 2   C. 定时器 3 D. 定时器 1

4. 在 CC2530 中，关于定时器 1 说法正确的是（　　　）。

 A. 在自由运行模式下，最大计数值由 T2CC0 决定

 B. 有 0～4 共 5 个捕捉/比较通道，有 5 对 T1CCxH 和 T1CCxL 寄存器

 C. 与定时器 2 最大计数值一样

 D. 以上都不对

5. 下面哪一项不是单片机中的定时器/计数器一般具有的功能？（　　　）

 A. 定时器功能 B. 中断功能   C. 捕获功能   D. 计数器功能

6. CC2530 中的定时器 1 是一个几位的定时器？（　　　）

 A. 4   B. 8   C. 16   D. 24

7. 定时器 3 和定时器 4 各有一个（　　　）。

 A. 中断向量   B. 中断运行   C. 中断停止   D. 中断禁止

8. 下面关于定时器 1 的说法中，错误的是（　　　）。

 A. 可被 1、8、32 或 128 整除的时钟分频器 B. 只有下降沿具有输入捕获

 C. 5 个独立的捕获/比较通道   D. 具有 DMA 触发功能

9. 定时器 2 是一个（   ）定时器。

    A. 4 位   B. 8 位   C. 16 位   D. 24 位

10. 以下不是 CC2530 定时器/计数器的工作模式的是（   ）。

    A. 自由运行模式   B. 模模式

    C. 正计数/倒计数模式   D. 中断模式

11. CC2530 定时器一共有几个？（   ）

    A. 2   B. 4   C. 5   D. 3

12. 下面哪个定时器有两个独立的比较通道？（   ）

    A. 定时器 1   B. 定时器 2   C. 定时器 3   D. 定时器 4

13. 单片机中的定时器/计数器不具有的功能是（   ）。

    A. 定时器功能   B. 计数器功能   C. 输入功能   D. 捕获功能

14. 睡眠定时器和哪个定时器配合使用，可以使 CC2530 进入低功耗模式？（   ）

    A. 定时器 1   B. 定时器 2   C. 定时器 3   D. 定时器 4

15. CC2530 中的睡眠定时器是一个几位的定时器？（   ）

    A. 4   B. 8   C. 16   D. 24

16. 以下不是 CC2530 定时器 2 的操作模式的是（   ）。

    A. 自由运行计数器   B. 模计数器   C. 正/倒计数器   D. 正计数器

17. 下列定时器/计数器属于 15 位计数器的是（   ）。

    A. 定时器 1   B. 看门狗定时器   C. 定时器 3   D. 定时器 4

18. 下列定时器/计数器中具有 5 个独立的捕获/比较通道的是（   ）。

    A. 定时器 1   B. 定时器 2   C. 定时器 3   D. 定时器 4

19. 下列定时器/计数器中具有 4 种不同工作模式的是（   ）。

    A. 定时器 1   B. 定时器 2   C. 定时器 3   D. 睡眠定时器

20. 下列不是寄存器 IEN1 中的位是（   ）。

    A. T1IE   B. T2IE   C. T3IE   D. T5IE

二、多项选择题

1. 在 CC2530 中，采用 16 MHz 的 RC 振荡器作为时钟源并使用 16 位的定时器 1，则下面关于定时器 1 说法正确的是（   ）。

    A. 最大计数值为 65 535

    B. 采用 128 分频时，最大定时时长为 524.28 ms

    C. 使用 T1CC0H 和 T1CC0L 分别存放计数值的高、低位

    D. 采用模模式时，不能使用溢出中断

2. 在 CC2530 中，对于定时器 1 在使用方法上说法正确的是（   ）。

    A. 要使用控制寄存器配置定时器的分频系数、运行模式

    B. 要设置中断方式为溢出中断或者通道捕获/比较中断

    C. 要使能定时器中断

    D. 要使能全局中断

3. 下面哪些是单片机中的定时器/计数器一般具有的功能？（   ）

    A. 捕获功能   B. 中断功能

    C. 比较功能   D. PWM 输出功能

4. CC2530 的看门狗定时器具有的特性是（　　）。

    A. 看门狗模式　　　　　　　　　B. 定时器模式

    C. 时钟模式　　　　　　　　　　D. 中断模式

5. 下列哪项是 CC2530 定时器/计时器的工作模式？（　　）

    A. 自由运行模式　　　　　　　　B. 模模式

    C. 正计数/倒计数模式　　　　　　D. 时钟模式

模块六 看门狗原理及应用

任务一 了解看门狗定时器的工作原理

CC2530 的看门狗定时器（Watch Dog Timer，WDT）是 15 位计数器，采用 32 kHz 时钟源。它主要用来监控程序运行，当程序出现故障时可以实现软件复位，从最原始的地方开始运行程序，在无人值守的情况下，可以提高程序容错的能力。看门狗定时器除了可以做看门狗之外，还可以作为通用定时器来使用，但看门狗定时器只能设置 4 种定义的时间。

若在程序设置时不需要看门狗功能，而又需要 1 s 的定时，就可以选择看门狗定时器的通用定时器功能。

【视频教程】

本任务视频教程请扫描二维码 6-1，更多详细内容可参考 CC2530 数据手册。

【任务实现】

步骤 1：了解看门狗定时器的工作原理

二维码 6-1

看门狗定时器（WDT）简称看门狗，本质上是一个计数器，可以监测系统的运行情况，在程序"跑飞"的情况下，实现自动复位。

在程序正常运行过程中，每隔一段时间内核会发出指令让看门狗重新开始计数，也称为喂狗。通过喂狗复位计数器，只要在设定的最大间隔时间内未出现异常，系统就不会复位。

当系统受到干扰而导致程序"跑飞"，或者软件存在漏洞而没有按预定设计执行，在设定的最大喂狗时间内没有进行定时器复位时，看门狗定时器就会溢出，系统自动复位。其原理如图 6-1 所示。

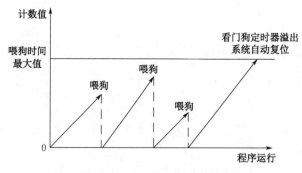

图 6-1 看门狗定时器原理

步骤 2：了解 CC2530 的看门狗定时器

（1）15 位计数器：工作在 32 kHz 的时钟频率（由 32.768 kHz 的内部 RC 振荡器或外部晶体振荡器产生）上，系统复位时禁用。

（2）4 个定时间隔：1 s，0.25 s，15.625 ms，1.9 ms。

（3）2 种工作模式：看门狗模式，定时器模式。

（4）喂狗序列：在 1 个看门狗时钟周期内，将 0xA 写入 WDCTL.CLR[3:0]，然后将 0x5 写入同一个寄存器位。

CC2530 看门狗定时器如图 6-2 所示。

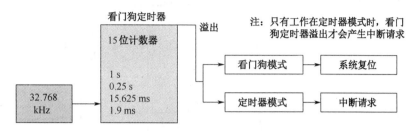

图 6-2　CC2530 看门狗定时器

步骤 3：了解看门狗控制寄存器 WDCTL

查阅 CC2530 数据手册"看门狗定时器→WDCTL→看门狗定时器控制"，具体内容如图 6-3 所示。

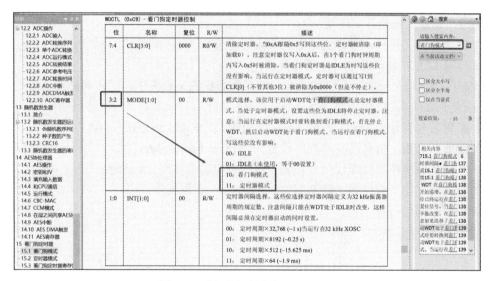

图 6-3　看门狗控制寄存器 WDCTL

任务二　用看门狗定时器实现 1 s 定时

【任务要求】

（1）将看门狗定时器设置成定时器模式；

（2）定时周期选为 1 s；

（3）在看门狗中断服务函数中，切换 D4 灯（LED4）的开关状态；

（4）看门狗中断标志位：WDTIF，需要软件手动清除。

【视频教程】

看门狗定时器实现 1 s 定时的视频教程，请扫描二维码 6-2。

二维码 6-2

【任务实现】

步骤 1：绘制任务电路简图

根据 CC2530 电路图画出本任务电路简图，如图 6-4 所示。

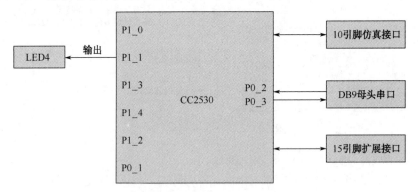

图 6-4　看门狗定时器实现 1 s 定时电路简图

步骤 2：设置工程的基础环境

（1）新建空的文件夹，名称为"看门狗定时器实现 1 s 定时"。

（2）打开 IAR 软件，新建一个工作区。

（3）在工作区内，新建一个空的工程，保存到新建的文件夹中，工程名称为"看门狗定时器实现 1 s 定时.ewp"。

（4）配置芯片型号为 Texas Instruments 公司的 CC2530F256.i51。

（5）配置仿真器。仿真器驱动程序设置为"Texas Instruments"。

（6）新建代码文件，保存代码文件为"看门狗定时器实现 1 s 定时.c"。

（7）将代码文件"看门狗定时器实现 1 s 定时.c"添加到工程中。

（8）编写基础代码。

```
#include "ioCC2530.h"

void main()
{
  while(1)
  {
  }
}
```

编译，保存工作区，名称为"看门狗定时器实现 1 s 定时工作区"。当编译后出现"Done. 0 error(s), 0 warning(s)"时，说明工程基础环境设置正常。

步骤 3：宏定义 LED 灯

根据电路简图对 D4 灯进行宏定义。

```
#define D4 P1_1
```

步骤 4：编写端口初始化函数

设置 P1 端口组为通用 I/O 端口，输出模式。编写端口初始化函数。

```
void Init_Port()
{
```

```
    //选择端口的功能：将 P1_0、P1_1、P1_3、P1_4 设置为 GPIO
    P1SEL &= ~0x1B;     //0000 0000→0001 1011→ 0x1B
    //配置端口的方向：将 P1_0、P1_1、P1_3、P1_4 设置为输出
    P1DIR |= 0x1B;      // 0001 1011
    //关闭 4 个 LED 灯
    P1 &= ~0x1B;
}
```

步骤 5：编写看门狗函数

```
void Init_WDT()
{

}
```

（1）WDCTL 看门狗定时器控制。

看门狗定时器有两种工作模式：看门狗模式、定时器模式。通过查 CC2530 数据手册"WDCTL (0xC9)‐看门狗定时器控制"可知，当作为通用定时器时，看门狗定时器有 4 种可供选择的定时周期，如图 6-5 所示。

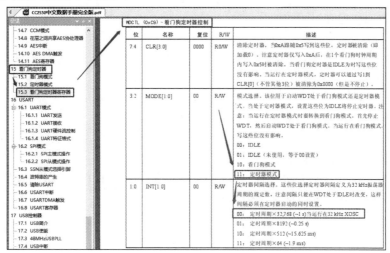

图 6-5　看门狗定时器控制

由图 6-5 可以看出，看门狗定时器只有 4 种定时间隔供选择，即 1 s、0.25 s、15.625 ms 和 1.9 ms。第 2 位和第 3 位用于选择看门狗寄存器的模式，其值对于看门狗定时器的定时周期是 11，对于 1 s 定时周期是 00，即：

$$0000\ 0000→0000\ 1100→0x0C$$

$$WDCTL = 0x0C;$$

（2）IEN2 中断使能控制器。

查 CC2530 数据手册，IEN2 中断使能控制器如图 6-6 所示。

由图 6-6 可见，IEN2 中断使能控制器的第 5 位使能看门狗定时器。在初始化时，需要将该位使能（置 1），即：

$$0000\ 0000→0010\ 0000$$

$$IEN2 |= 0x20;$$

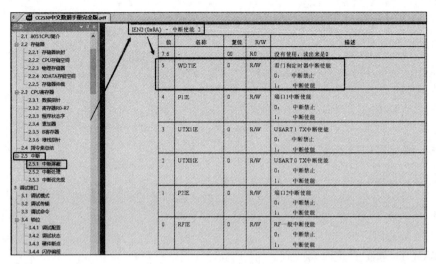

图 6-6 IEN2 中断使能控制器

（3）使能总中断。

$$EA = 1;$$

（4）完成看门狗定时器函数编写。

```
void Init_WDT()
{
    WDCTL = 0x0C;   //0000 11 00
    IEN2 |= 0x20;
    EA = 1;
}
```

步骤 6：编写中断服务函数

在中断服务函数里，除了切换 D4 灯的开关状态外，还要手工清除看门狗的中断标志位。

（1）编写中断函数的入口地址语句。

```
#pragma vector = ?
```

查 "ioCC2530.h" 头文件。

```
#pragma vector = WDT_VECTOR;
```

（2）定义中断服务函数。

```
__interrupt void Service_WDT()
```

（3）切换 D4 灯的状态。

```
D4 = ~D4;
```

（4）清除中断标志。

```
WDTIF = 0;
```

（5）完成中断服务函数。

```
#pragma vector = WDT_VECTOR
__interrupt void Service_WDT()
{
    D4 = ~D4;
```

```
            WDTIF = 0;
        }
```

步骤 7：编写主函数

```
void main()
{
    Init_Port();
    Init_WDT();
    while(1)
    {
    }
}
```

然后进行编译调试。

【任务代码】

```
#include "ioCC2530.h"


#define D4 P1_1
/***************************************************
函数名称：Init_Port()
功能：端口初始化
***************************************************/
void Init_Port()
{
    //选择端口的功能：将 P1_0、P1_1、P1_3、P1_4 设置为 GPIO
    P1SEL &= ~0x1B;    // 0000 0000 → 0001 1011→ 0x1B
    //配置端口的方向：将 P1_0、P1_1、P1_3、P1_4 设置为输出
    P1DIR |= 0x1B;     // 0001 1011
    //关闭 4 个 LED 灯
    P1 &= ~0x1B;
}
/***************************************************
函数名称：Init_WDT()
功能：看门狗初始化
***************************************************/
void Init_WDT()
{
    WDCTL = 0x0C;  //0000 11 00
    IEN2 |= 0x20;
    EA = 1;
}
/***************************************************
函数名称：Service_WDT()
功能：看门狗中断服务函数
***************************************************/
#pragma vector = WDT_VECTOR
```

```
__interrupt void Service_WDT()
{
    D4 = ~D4;
    WDTIF = 0;
}
/***************************************************
函数名称：main()
功　能：程序的入口
***************************************************/
void main()
{
    Init_Port();
    Init_WDT();
    while(1)
    {
    }
}
```

任务三　用看门狗定时器监测程序运行

【任务要求】

（1）设计 LED 灯检测函数，4 个 LED 灯同时点亮，延时，再同时熄灭。

（2）设计带喂狗功能的闪灯函数，D4（LED4）亮，延时，D4 灭，延时，喂狗。

（3）设计不带喂狗功能的闪灯函数，D6（LED6）亮，延时，D6 灭，延时。

（4）在主函数中，检测 LED 灯的工作状态，然后进入死循环，先执行 8 次带喂狗功能的闪灯函数，再执行 8 次不带喂狗功能的闪灯函数。

【视频教程】

看门狗定时器监测程序运行视频教程，请扫描二维码 6-3。

二维码 6-3

【任务实现】

步骤 1：绘制任务电路简图

根据 CC2530 电路图画出本任务电路简图，如图 6-7 所示。

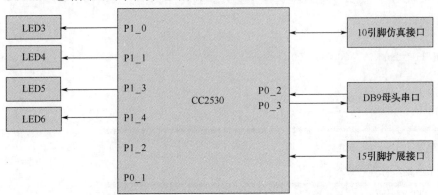

图 6-7　看门狗定时器监测程序运行的电路简图

步骤 2：设置工程的基础环境

（1）新建文件夹，名称为"看门狗定时器监测程序运行"。

（2）打开 IAR 软件，新建一个工作区。

（3）在工作区内，新建一个空的工程，保存到新建的文件夹中，工程名称为"看门狗定时器监测程序运行.ewp"。

（4）配置芯片型号为 Texas Instruments 公司的 CC2530F256.i51。

（5）配置仿真器。仿真器驱动程序设置为"Texas Instruments"。

（6）新建代码文件，保存代码文件为"看门狗定时器监测程序运行.c"。

（7）将代码文件"看门狗定时器监测程序运行.c"添加到工程中。

（8）编写基础代码。

```c
#include "ioCC2530.h"

void main()
{
while(1)
  {
  }
}
```

编译，保存工作区，名称为"看门狗定时器监测程序运行工作区"。当编译出现"Done. 0 error(s), 0 warning(s)"时，说明工程基础环境设置正常。

步骤 3：宏定义 LED 灯

根据电路简图对 4 个 LED 灯进行宏定义。

```c
#define D3 P1_0
#define D4 P1_1
#define D5 P1_3
#define D6 P1_4
```

步骤 4：编写简单延时函数

```c
void Delay(unsigned int t)
{
  while(t--);
}
```

步骤 5：编写端口初始化函数

编写 LED 灯引脚初始化函数。

```c
void Init_Port()
{
  P1SEL &= ~0x1B;      //将 P1_0、P1_1、P1_3 和 P1_4 设为通用 I/O 端口
  P1DIR |= 0x1B;       //将 P1_0、P1_1、P1_3 和 P1_4 设为输出方向
  P1 &= ~0x1B;         //将 P1_0、P1_1、P1_3 和 P1_4 设为输出低电平
}
```

步骤 6：编写灯光检测函数

```c
void LED_Check()
```

```
{
    P1 |= 0x1B;                  //同时点亮 4 个 LED 灯
    Delay(60000);               //延时
    Delay(60000);
    P1 &= ~0x1B;                 //同时熄灭 4 个 LED 灯
    Delay(60000);               //延时
    Delay(60000);
}
```

步骤 7：编写看门狗定时器初始化函数

```
void Init_WDT()
{
    WDCTL = 0x08;    //0000 1000  设置为看门狗模式
}
```

步骤 8：编写喂狗序列函数

```
void Feed_Dog()
{
    WDCTL |= 0xA0;
    WDCTL |= 0x50;
}
```

步骤 9：编写带喂狗功能的 LED 灯闪烁函数（简称闪灯函数）

```
void Shan_Feed()
{
    D4 = 1;
    Delay(60000);
    Delay(60000);
    D4 = 0;
    Delay(60000);
    Delay(60000);
    Feed_Dog();
}
```

步骤 10：编写普通闪灯函数

```
void Shan()
{
    D6 = 1;
    Delay(60000);
    Delay(60000);
    D6 = 0;
    Delay(60000);
    Delay(60000);
}
```

步骤 11：编写主函数

```
unsigned int i;
void main()
```

```
{
  Init_Port();                //端口初始化
  Init_WDT();                 //看门狗初始化
  LED_Check();                //灯光检测
  while(1)
  {
    for(i = 0; i < 8; i++)    //执行 8 次带喂狗功能的闪灯函数
    {
      Shan_Feed();
    }
    for(i = 0; i < 8; i++)    //执行 8 次普通闪灯函数，无喂狗功能
    {
      Shan();
    }
  }
}
```

然后进行编译调试。

【任务代码】

```
#include "ioCC2530.h"

#define D3 P1_0
#define D4 P1_1
#define D5 P1_3
#define D6 P1_4
/*******************************************************
函数名称：Delay(unsigned int t)
功能：简单的延时函数
*******************************************************/
void Delay(unsigned int t)
{
  while(t--);
}
/*******************************************************
函数名称：Init_Port()
功能：端口初始化
*******************************************************/
void Init_Port()
{
  P1SEL &= ~0x1B;     //将 P1_0、P1_1、P1_3 和 P1_4 设为通用 I/O 端口
  P1DIR |= 0x1B;      //将 P1_0、P1_1、P1_3 和 P1_4 设为输出方向
  P1 &= ~0x1B;        //将 P1_0、P1_1、P1_3 和 P1_4 设为输出低电平
}
/*******************************************************
函数名称：LED_Check()
功能：灯光检测函数
*******************************************************/
```

```
void LED_Check()
{
  P1 |= 0x1B;                      //同时点亮 4 个 LED 灯
  Delay(60000);                    //延时
  Delay(60000);
  P1 &= ~0x1B;                     //同时熄灭 4 个 LED 灯
  Delay(60000);                    //延时
  Delay(60000);
}
```

/**
函数名称：Init_WDT()
功能：看门狗定时器初始化函数
**/
```
void Init_WDT()
{
    WDCTL = 0x08;    //0000 1000   设置为看门狗模式
}
```

/**
函数名称：Feed_Dog()
功能：喂狗序列函数
**/
```
void Feed_Dog()
{
  WDCTL |= 0xA0;
  WDCTL |= 0x50;
}
```

/**
函数名称：Shan_Feed()
功能：带喂狗功能的闪灯函数
**/
```
void Shan_Feed()
{
  D4 = 1;
  Delay(60000);
  Delay(60000);
  D4 = 0;
  Delay(60000);
  Delay(60000);
  Feed_Dog();
}
```

/**
函数名称：Shan()
功能：普通闪灯函数
**/
```
void Shan()
```

```
{
  D6 = 1;
  Delay(60000);
  Delay(60000);
  D6 = 0;
  Delay(60000);
  Delay(60000);
}
/*******************************************************
函数名称：main()
功  能：程序的入口
*******************************************************/
unsigned int i;
void main()
{
  Init_Port();              //端口初始化
  Init_WDT();               //看门狗初始化
  LED_Check();              //灯光检测
  while(1)
  {
    for(i = 0; i < 8; i++)   //执行 8 次带喂狗功能的闪灯函数
    {
      Shan_Feed();
    }
    for(i = 0; i < 8; i++)   //执行 8 次普通闪灯函数，无喂狗功能
    {
      Shan();
    }
  }
}
```

习　　题

一、单项选择题

1. 无论定时器还是计数器，实质上都是（　　）。

　　A. 计数器　　　　　　　　B. 处理器　　　　　　　　C. 计算器　　　　　　　　D. 定时器

2. 关于 CC2530 定时器的说法，正确的是（　　）。

　　A. 定时器 1 是 CC2530 中功能最全的一个定时器

　　B. 定时器 2、定时器 3 和定时器 4 均为 16 位的定时器

　　C. 睡眠定时器是一个 16 位的定时器

　　D. 以上的说法都正确

3. 关于 CC2530 定时器的说法，错误的是（　　）。

    A. CC2530 的 5 个定时器均为 8 位定时器

    B. 定时器 1 是 CC2530 中功能最全的一个定时器

    C. 通过 T1CTL 寄存器设置定时器 1 的工作模式

    D. 使用定时器 1 的模模式，需要开启其通道 0 的输出比较模式

4. 以下不属于 CC2530 定时器 1 工作模式的是（　　）。

    A. 自由运行模式　　　　　　　　　B. 模模式

    C. 倒计数模式　　　　　　　　　　D. 正计数/倒计数模式

5. 以下 CC2530 定时器工作模式中，（　　）计数周期是固定值。

    A. 自由运行模式　　　　　　　　　B. 模模式

    C. 倒计数模式　　　　　　　　　　D. 正计数/倒计数模式

6. 设置定时器 1 工作模式的寄存器是（　　）。

    A. TCTL　　　　　　B. T1CTL　　　　　　C. T1CC0L　　　　　　D. T1CC0H

7. 下面哪一项不是 CC2530 定时器 1 具有的功能？（　　）

    A. 间隔定时功能　　　　　　　　　B. 信号捕获功能

    C. 输出时间功能　　　　　　　　　D. 输出比较功能

8. CC2530 的定时器 1 为（　　）位定时器。

    A. 8 位　　　　　　B. 14 位　　　　　　C. 16 位　　　　　　D. 24 位

9. CC2530 睡眠定时器是（　　）位的定时器。

    A. 8　　　　　　　B. 16　　　　　　　C. 24　　　　　　　D. 32

10. CC2530 定时器 1 工作在自由运行模式时，当计数器到达（　　）时溢出。

    A. 0x0000　　　　　B. 0x00FF　　　　　C. 0xFFFF　　　　　D. 0xFF00

11. CC2530 定时器 1 工作在模模式时，当计数器达到（　　）时溢出。

    A. 0x0000　　　　　B. T1CC0 寄存器　　C. 0xFFFF　　　　　D. T0CC1 寄存器

12. 在 CC2530 定时器 1 工作模式中，从 0x0000 计数到 T1CC0 并且从 T1CC0 计数到 0x0000 的工作模式是（　　）。

    A. 自由运行模式　　　　　　　　　B. 模模式

    C. 正计数/倒计数模式　　　　　　　D. 倒计数模式

13. 在 CC2530 定时器 1 工作模式中，从 0x0000 计数到 T1CC0 时溢出，然后复位到 0x0000 并开始新一轮计数的工作模式是（　　）。

    A. 自由运行模式　　　　　　　　　B. 模模式

    C. 正计数/倒计数模式　　　　　　　D. 倒计数模式

14. 利用（　　），可以防止嵌入式系统的程序在运行过程中"跑飞"。

    A. 看门人模块　　　B. 看门狗模块　　　C. 监视系统　　　　D. 监控系统

15. 在具有看门狗功能的嵌入式系统中，若程序"跑飞"，则系统会（　　）。

    A. 自动关机　　　　B. 自动复位　　　　C. 等待飞回　　　　D. 等待修复

16. 以下关于 CC2530 看门狗（定时器）的说法中，正确的是（　　）。

    A. CC2530 看门狗不能作为通用定时器使用

    B. 当工作在定时器模式时，可以进行任意间隔时间的定时

    C. 当工作在定时器模式时，只有 4 种可供选择的定时周期

D. 当工作在定时器模式时，只有 1 种可供选择的定时周期

17. 以下关于 CC2530 看门狗的说法中，错误的是（ 　　 ）。

A. CC2530 的看门狗包括一个 15 位的计数器

B. CC2530 的看门狗有 2 种工作模式：看门狗模式和定时器模式

C. 当工作在定时器模式时，只有 4 种可供选择的定时周期

D. 在看门狗模式和定时器模式中，WDT 都可以产生中断请求

18. 以下关于 CC2530 看门狗定时器（WDT）的说法中，正确的是（ 　　 ）。

A. 在看门狗模式下，WDT 不会产生中断请求

B. 在定时器模式下，WDT 不会产生中断请求

C. 在看门狗模式下，WDT 会产生一个中断请求

D. 在定时器模式下，WDT 会产生一个中断请求

19. 已知 CC2530 寄存器 T1CNTH 和 T1CNTL 的值分别为 0x10 和 0x21，则此时定时器 1 的计数值为（ 　　 ）。

    A. 1024 　　　　　　　 B. 4129 　　　　　　　 C. 8377 　　　　　　 D. 65200

20. IEN0、IEN1、IEN2 寄存器是 CC2530 中三个重要的寄存器，下列说法错误的是（ 　　 ）。

A. EA 是 IEN0 的一个寄存器位

B. IEN1 能够使能和禁用定时器 1、定时器 2、定时器 3 和定时器 4 中断

C. IEN2 能够使能和禁用端口 1、端口 2 中断

D. IEN0 能够使能和禁用 USART1、USART0 的发送与接收中断

二、多项选择题

1. 以下属于 CC2530 定时器 1 工作模式的是（ 　　 ）。

    A. 自由运行模式 　　　　　　　　 B. 模模式

    C. 倒计数模式 　　　　　　　　　 D. 正计数/倒计数模式

2. 以下属于 CC2530 定时器 3 工作模式的是（ 　　 ）。

    A. 自由运行模式 　　　　　　　　 B. 模模式

    C. 固定模式 　　　　　　　　　　 D. 正计数/倒计数模式

3. 以下是 CC2530 定时器 2 工作模式的是（ 　　 ）。

    A. 自由运行计数器 　　 B. 模计数器 　　　　 C. 正/倒计数器 　　 D. 正计数器

4. 以下不属于设置定时器 1 工作模式的寄存器是（ 　　 ）。

    A. TCTL 　　　　　 B. T1CTL 　　　　　 C. T1CC0L 　　　　 D. T1CC0H

5. 下面哪些是 CC2530 定时器 1 具有的功能？（ 　　 ）

    A. 间隔定时功能 　　 B. 信号捕获功能 　　 C. 输出时间功能 　　 D. 输出比较功能

模块七　系统时钟设置和串口通信

任务一　CC2530 系统时钟设置

【任务要求】

（1）了解 CC2530 系统时钟；

（2）了解按键控制系统的切换；

（3）了解 CC2530 串口及相关寄存器；

（4）能使用 CC2530 串口进行数据收发。

二维码 7-1

【视频教程】

CC2530 系统时钟设置视频教程，请扫描二维码 7-1。

【任务实现】

步骤 1：CC2530 系统时钟概述

系统时钟从主系统时钟源获得，主系统时钟源可以是 32 MHz 或 16 MHz。CLKCONCMD.OSC 位用于选择主系统时钟源。注意：在使用 RF 收发器时，必须选择高速且稳定的外部 32 MHz 晶体振荡器（简称晶振）。

在 CC2530 芯片上系统时钟有两种。一种是 16 MHz 的内部 RC 振荡器，另一种是 32 MHz 的外部晶振。

32 MHz 外部晶振的启动时间相对于一些应用程序来说比较长，芯片上电复位启动后，就要运行相关的程序，默认的是内部 16 MHz 的 RC 振荡器作为主时钟源。16 MHz 的内部振荡器功耗比较小，其缺点是时钟精度不高，有误差，并且误差范围对每个芯片又有所不同。在进行快速数据传输或者使用 2.4 GHz 进行无线收发时，需要使用精度更高的晶振，这就要将 CC2530 的系统时钟源从 16 MHz 的内部振荡器切换成 32 MHz 的外部晶振，从而获得更高的时钟精度。

步骤 2：时钟控制命令寄存器

要将 CC2530 默认的时钟源从 16 MHz 内部振荡器切换成 32 MHz 外部晶振，主要涉及一些寄存器的操作。

内部时钟源与外部时钟源的切换，通过对时钟控制命令寄存器进行设置来实现。查阅 CC2530 数据手册，CLKCONCMD 时钟控制命令如图 7-1 所示。

注意：第 6 位 OSC 是系统时钟源选择位，默认值是 1，选择的内容是 16 MHz 内部振荡器。如果使用外部晶振时钟源，就要将此位置 0。可见，CLKCONCMD.OSC 位是主系统时钟源的选择位。

改变 CLKCONCMD.OSC 位不会立即改变系统的时钟，32MHz 的外部晶振时钟源从启动到稳定需要一定的时间，需要等待系统时钟稳定后才能生效。也就是说，时钟源的改变首先在 CLKCONSTA.OSC 位与 CLKCONCMD.OSC 位相等时才生效；因为在实际改变时钟源之前需要有稳定的时钟。

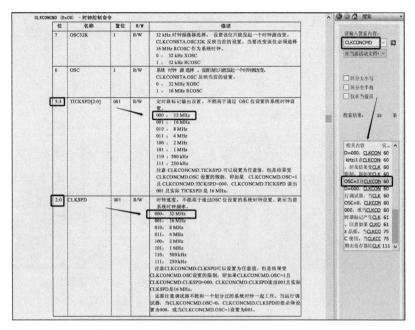

图 7-1　CLKCONCMD 时钟控制命令

例：选择系统时钟源为 32 MHz 的外部晶振。

（1）选择系统时钟源。

```
CLKCONCMD &= ~0x40;
```

（2）等待晶振稳定。

```
while(CLKCONSTA & 0x40);
```

（3）设置系统主时钟频率为 32 MHz。

```
CLKCONCMD &= ~0x47;
```

步骤 3：只读时钟控制状态寄存器

查阅 CC2530 数据手册，CLKCONSTA 时钟控制状态（只读寄存器）如图 7-2 所示。

只读时钟控制状态寄存器反映的是系统时钟当前的状态，我们要关注的也是 OSC（第 6 位），用于当前选择的系统时钟源状态，即：

$$0000\ 0000 \rightarrow 0100\ 0000 \rightarrow 0x40$$

$$CLKCONCMD\ \&=\ ~0x40;$$

当系统时钟源由 16 MHz 的内部振荡器切换成 32 MHz 外部晶振时，会有一个稳定过程，即：

$$While(CLKCONSTA\ \&\ 0x40);$$

当外部晶振稳定后，时钟控制状态寄存器的第 6 位就会从原来 16 MHz 内部振荡器的 1，切换成 32 MHz 外部晶振的 0。当时钟控制状态寄存器 CLKCONSTA 第 6 位的值与设置值相等时，也就是设置的时钟源与当前系统的时钟源相等时，时钟就处于稳定状态。这里涉及时钟控制命令寄存器的第 3 位，即：

$$0000\ 0000 \rightarrow 0100\ 0111 \rightarrow 0x47$$

$$CLKCONCMD\ \&=\ ~0x47;$$

这样就实现了主时钟源从 16 MHz 内部振荡器到 32 MHz 外部晶振的切换。

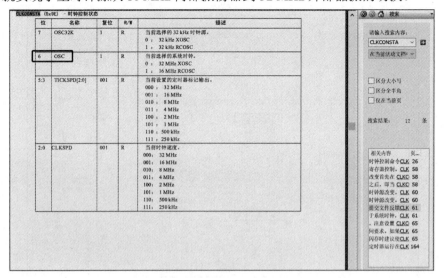

图 7-2　CLKCONSTA 时钟控制状态

任务二　按键控制系统时钟切换

【任务要求】

（1）设计端口初始化函数，配置 4 个 LED 灯（LED3～LED6）和 SW2，并关闭 4 个 LED 灯。

（2）设计系统时钟切换函数，根据参数进行 16 MHz 和 32 MHz 时钟源的切换。

（3）设计按键扫描处理函数，当 SW2 按下并松开后，切换系统的时钟源：当前为 16 MHz 的切换成 32 MHz，当前为 32 MHz 的则切换为 16 MHz。

（4）编写主函数，使 D6 灯（LED6）循环闪烁，并对按键 SW2 进行扫描处理。

【视频教程】

本任务的视频教程，请扫描二维码 7-2。

【任务实现】

二维码 7-2

步骤 1：绘制任务电路简图

根据 CC2530 电路图画出本任务电路简图，如图 7-3 所示。

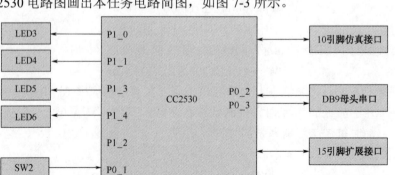

图 7-3　按键控制系统时钟切换电路简图

步骤 2：设置工程的基础环境

（1）新建文件夹，名称为"按键控制系统时钟切换"。

（2）打开 IAR 软件，新建一个工作区。

（3）在工作区内新建一个空的工程，并保存到新建的文件夹中，工程名称为"按键控制系统时钟切换.ewp"。

（4）配置芯片型号为 Texas Instruments 公司的 CC2530F256.i51。

（5）配置仿真器。仿真器驱动程序设置为"Texas Instruments"。

（6）新建代码文件，保存代码文件为"按键控制系统时钟切换.c"。

（7）将代码文件"按键控制系统时钟切换.c"添加到工程中。

（8）编写基础代码。

```c
#include "ioCC2530.h"

void main()
{
    while(1)
    {
    }
}
```

编译，保存工作区，名称为"按键控制系统时钟切换工作区"。当编译出现"Done. 0 error(s), 0 warning(s)"时，说明工程基础环境设置正常。

步骤 3：宏定义 LED 灯和按键

根据电路简图对 LED 灯 D6 和按键 SW2 进行宏定义。

```c
#define D6 P1_4
#define SW2 P0_1
```

步骤 4：定义系统时钟初始化状态

将系统时钟当前工作状态标志，初始化为 16 MHz。

```c
unsigned char F_clk = 16;
```

步骤 5：编写简单延时函数

```c
void Delay(unsigned int t)
{
    while(t--);
}
```

步骤 6：编写端口初始化函数

```c
void Init_Port()
{
    //LED 灯引脚初始化
    P1SEL &= ~0x1B;      //将 P1_0、P1_1、P1_3 和 P1_4 设为通用 I/O 端口
    P1DIR |= 0x1B;       //将 P1_0、P1_1、P1_3 和 P1_4 设为输出方向
    P1 &= ~0x1B;         //将 P1_0、P1_1、P1_3 和 P1_4 设为输出低电平，关闭 4 个 LED 灯
    //按键 SW2 引脚初始化
    P0SEL &= ~0x02;      //将 P0_1 设为通用 I/O 端口
```

```
    P0DIR &= ~0x02;        //将 P0_1 设为输入方向
    P0INP &= ~0x02;        //将 P0_1 配置为：上拉/下拉
    P2INP &= ~0x20;        //将 P0_1 配置为：上拉
}
```

步骤 7：编写系统时钟切换函数

```
void Set_Clock(unsigned char clk)
{
  switch(clk)
  {
    case 16:              //切换为 16 MHz
        CLKCONCMD |= 0x40;
         while(!(CLKCONSTA & 0x40));
        CLKCONCMD |= 0x01;    //000  ---->  001
        break;

    case 32:              //切换为 32 MHz
        CLKCONCMD &= ~0x40;
        while(CLKCONSTA & 0X40);
        CLKCONCMD &= ~0x07;
        break;
  }
}
```

步骤 8：编写扫描处理函数

```
void Scan_Keys()
{
  if(SW2 == 0)
  {
    Delay(200);                  //去抖动
    if(SW2 == 0)
    {
      while(SW2 == 0);           //等待按键松开

      if(F_clk == 16)            //系统时钟相互切换
      {
        Set_Clock(32);
        F_clk = 32;
      }
      else if(F_clk == 32)
      {
        Set_Clock(16);
        F_clk = 16;
      }
    }
  }
}
```

步骤 9：编写主函数

```
void main()
{
  Init_Port();                //端口初始化
  while(1)
  {
    D6 = 1;                   //点亮 D6 灯
    Delay(60000);             //延时
    Scan_Keys();              //扫描按键
    Delay(60000);             //延时
    Scan_Keys();              //扫描按键
    D6 = 0;                   //熄灭 D6 灯
    Delay(60000);             //延时
    Scan_Keys();              //扫描按键
    Delay(60000);             //延时
    Scan_Keys();              //扫描按键
  }
}
```

然后进行编译调试。

【任务代码】

```
#include "ioCC2530.h"

#define D6 P1_4
#define SW2 P0_1

//系统时钟当前工作状态标志，初始化为 16 MHz
unsigned char F_clk = 16;
/*******************************************************
函数名称：Delay(unsigned int t)
功 能：简单的延时函数
*******************************************************/
void Delay(unsigned int t)
{
  while(t--);
}
/*******************************************************
函数名称：Init_Port()
功 能：端口初始化函数
*******************************************************/
void Init_Port()
{
  //LED 灯引脚初始化
  P1SEL &= ~0x1B;        //将 P1_0、P1_1、P1_3 和 P1_4 设为通用 I/O 端口
```

```
    P1DIR |= 0x1B;              //将 P1_0、P1_1、P1_3 和 P1_4 设为输出方向
    P1 &= ~0x1B;                //将 P1_0、P1_1、P1_3 和 P1_4 设为输出低电平
    //按键 SW2 引脚初始化
    P0SEL &= ~0x02;             //将 P0_1 设为通用 I/O 端口
    P0DIR &= ~0x02;             //将 P0_1 设为输入方向
    P0INP &= ~0x02;             //将 P0_1 配置为：上拉/下拉
    P2INP &= ~0x20;             //将 P0_1 配置为：上拉
}
/********************************************************
函数名称：Clock(unsigned char clk)
功 能：系统时钟切换函数
********************************************************/
void Set_Clock(unsigned char clk)
{
    switch(clk)
    {
        case 16:                //切换为 16 MHz
            CLKCONCMD |= 0x40;
            while(!(CLKCONSTA & 0x40));
            CLKCONCMD |= 0x01;    //000  ----> 001
        break;

        case 32:                //切换为 32 MHz
            CLKCONCMD &= ~0x40;
            while(CLKCONSTA & 0X40);
            CLKCONCMD &= ~0x07;
        break;
    }
}
/********************************************************
函数名称：Scan_Keys()
功 能：按键扫描处理函数
********************************************************/
void Scan_Keys()
{
    if(SW2 == 0)
    {
        Delay(200);                 //去抖动
        if(SW2 == 0)
        {
            while(SW2 == 0);        //等待按键松开

            if(F_clk == 16)         //系统时钟相互切换
            {
                Set_Clock(32);
```

```
            F_clk = 32;
        }
        else if(F_clk == 32)
        {
            Set_Clock(16);
            F_clk = 16;
        }
        }
    }
}
/*********************************************************
函数名称：main()
功 能：程序的入口
*********************************************************/
void main()
{
    Init_Port();            //端口初始化
    while(1)
    {
        D6 = 1;             //点亮 D6 灯
        Delay(60000);       //延时
        Scan_Keys();        //扫描按键
        Delay(60000);       //延时
        Scan_Keys();        //扫描按键
        D6 = 0;             //熄灭 D6 灯
        Delay(60000);       //延时
        Scan_Keys();        //扫描按键
        Delay(60000);       //延时
        Scan_Keys();        //扫描按键
    }
}
```

任务三　CC2530 串口及相关寄存器

【任务要求】

（1）了解 CC2530 串口资源；
（2）理解 CC2530 常用串口寄存器；
（3）学会用 CC2530 数据手册查找使用的串口资源；
（4）掌握 CC2530 串口初始化的步骤。

【视频教程】

CC2530 串口及相关寄存器视频教程，请扫描二维码 7-3。

二维码 7-3

【任务实现】

步骤 1：了解 CC2530 串口资源

CC2530 有两个串行通信接口（串口）——USART0 和 USART1，它们都能够运行在异步 UART 模式或者同步 SPI 模式。这两个串口具有同样的功能，可以设置在单独的 I/O 引脚上。在 UART 模式中，有 2 个独立的中断向量：发送中断和接收完成中断。当数据缓冲区就绪，准备接收新的发送数据时，就产生一个中断请求。该中断在传送开始后立刻产生，也就是说，当字节正在发送时，新的字节能够装进数据缓冲区。

（1）PERCFG 外设控制寄存器。查阅 CC2530 数据手册“I/O 端口→I/O 引脚→PERCFG（0xF1）-外设控制”，PERCFG 外设控制寄存器如图 7-4 所示。

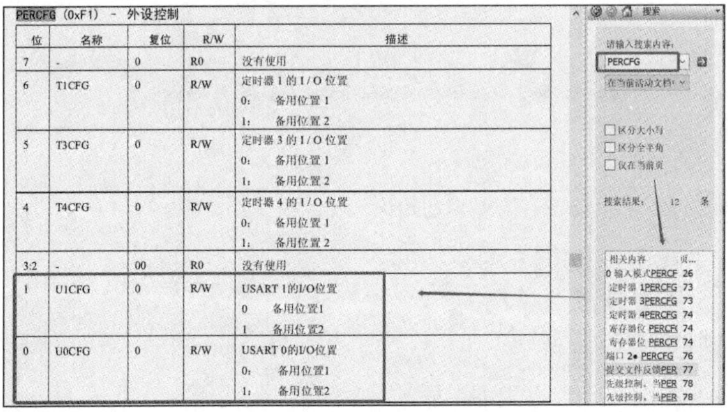
PERCFG（0xF1） - 外设控制

位	名称	复位	R/W	描述
7	-	0	R0	没有使用
6	T1CFG	0	R/W	定时器 1 的 I/O 位置 0：备用位置 1 1：备用位置 2
5	T3CFG	0	R/W	定时器 3 的 I/O 位置 0：备用位置 1 1：备用位置 2
4	T4CFG	0	R/W	定时器 4 的 I/O 位置 0：备用位置 1 1：备用位置 2
3:2	-	00	R0	没有使用
1	U1CFG	0	R/W	USART 1的I/O位置 0 备用位置1 1 备用位置2
0	U0CFG	0	R/W	USART 0的I/O位置 0：备用位置1 1：备用位置2

图 7-4 PERCFG 外设控制寄存器

PERCFG 外设控制寄存器主要用来控制外设选择对应引脚的位置。与串口相关的有 USART1 和 USART0 两个串口的 I/O 位置，如图 7-5 所示。

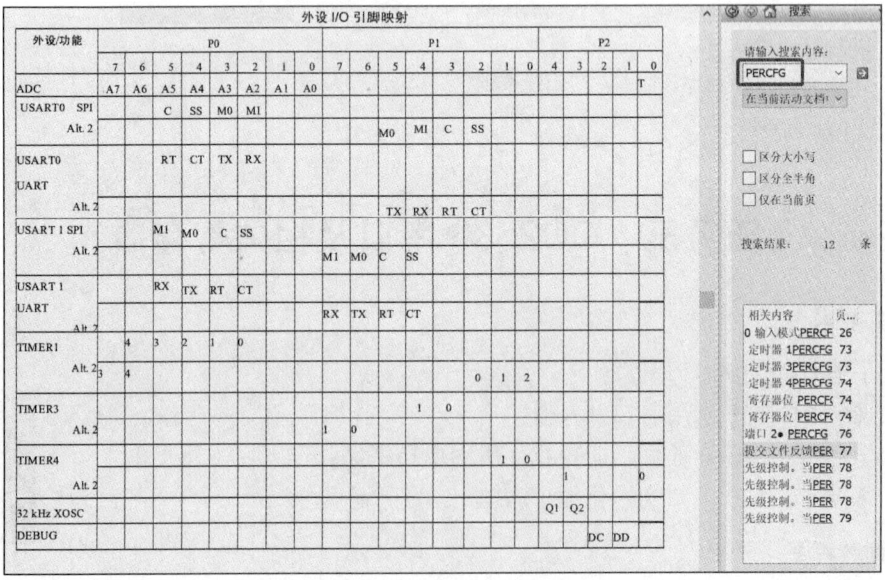
外设 I/O 引脚映射

外设/功能	P0								P1								P2				
	7	6	5	4	3	2	1	0	7	6	5	4	3	2	1	0	4	3	2	1	0
ADC	A7	A6	A5	A4	A3	A2	A1	A0													T
USART0 SPI			C	SS	M0	MI															
Alt. 2											M0	MI	C	SS							
USART0 UART			RT	CT	TX	RX															
Alt. 2											TX	RX	RT	CT							
USART 1 SPI			M1	M0	C	SS															
Alt. 2									M1	M0	C	SS									
USART 1 UART			RX	TX	RT	CT															
Alt. 2									RX	TX	RT	CT									
TIMER1		4	3	2	1	0															
Alt. 2	3	4												0	1	2					
TIMER3												1	0								
Alt. 2									1	0											
TIMER4															1	0					
Alt. 2																		1			0
32 kHz XOSC																	Q1	Q2			
DEBUG																			DC	DD	

图 7-5 外设 I/O 引脚的映射关系

其中串口 USART0 的两个 I/O 位置为备用位置 1 和备用位置 2，它们对应的引脚是不同的。

在 XMF09B 开发板和物联网国赛黑色板子上，其电路设置的都是 USART0。USART0 的备用位置 1 对应发送（TX）引脚的是 P0_3，对应接收（RX）引脚的是 P0_2。

因此，初始化 USART0 的外设映射为备用位置 1。将串口的引脚映射到备用位置 1，即 P0_2 和 P0_3 为：

PERCFG &= ~0x01;

将 P0_2 和 P0_3 端口设置成外设功能，即：

0000 1100→0x0C

P0SEL |= 0x0C;

（2）设置串口波特率。

当运行在 UART 模式时，内部的波特率发生器可设置 UART 波特率。当运行在 SPI 模式时，内部的波特率发生器可设置 SPI 主时钟频率。

由寄存器 UxBAUD.BAUD_M[7：0]和 UxGCR.BAUD_E[4：0]定义波特率。该波特率用于 UART 传送，也用于 SPI 传送的串行时钟频率。CC2530 波特率由 BAUD_E 和 BAUD_M 两部分共同决定，计算公式如下：

$$\text{波特率} = \frac{(256 + \text{BAUD_M}) \times 2^{\text{BAUD_E}}}{2^{28}} \times F$$

（F 为系统时钟频率：16 MHz 或 32 MHz）

查阅 CC530 数据手册，用关键字“标准波特率”查找，可查到系统时钟常用波特率如图 7-6 所示。

32 MHz 系统时钟常用的波特率设置

波特率 (bit/s)	UxBAUD.BAUD_M	UxGCR.BAUD_E	误差(%)
2400	59	6	0.14
4800	59	7	0.14
9600	59	8	0.14
14400	216	8	0.03
19200	59	9	0.14
28800	216	9	0.03
38400	59	10	0.14
57600	216	10	0.03
76800	59	11	0.14
115200	216	11	0.03
230400	216	12	0.03

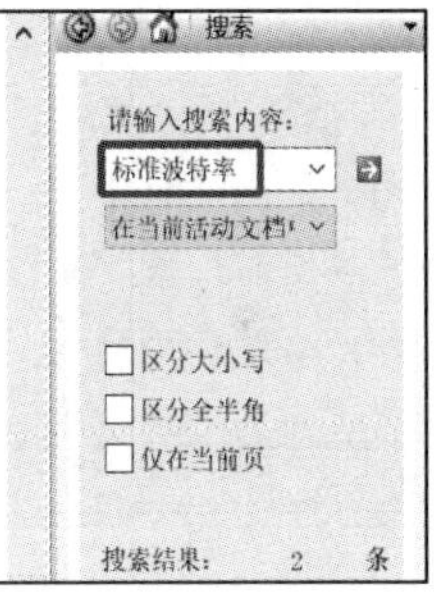

图 7-6 系统时钟常用波特率

波特率之间的误差用百分数表示。常用波特率的 32 MHz 系统时钟和 16 MHz 系统时钟比较如表 7-1 所示。

表 7-1 32 MHz 系统时钟和 16 MHz 系统时钟比较

波特率/（bit/s）	32 MHz 系统时钟		16 MHz 系统时钟	
	BAUD_M	BAUD_E	BAUD_M	BAUD_E
4 800	59	7	59	8
9 600	59	8	59	9
19 200	59	9	59	10
57 600	216	10	216	11
115 200	216	11	216	12

注意：表 7-1 中 32 MHz 系统时钟和 16 MHz 系统时钟的 BAUD_M 的值相同；不同的是

BAUD_E 的值，32 MHz 的比 16 MHz 的小 1。在 CC2530 数据手册里给出来的是 32 MHz 晶振，建议串口通信时使用 32 MHz 晶振，因为 32 MHz 晶振准确、精度高。学习、开发时一定要多读 CC2530 数据手册，因为它是最原始、最权威的数据文档。

例：在 16 MHz 系统时钟下，将串口 USART0 的波特率设置为 9 600 bit/s。

```
U0BAUD = 59;
U0GCR = 9;
```

（3）U0BAUD 波特率控制。

查阅 CC2530 数据手册“U0BAUD(0xC2)-USART0 波特率控制”，U0BAUD 波特率控制如图 7-7 所示。

U0BAUD (0xC2) – USART 0 波特率控制

位	名称	复位	R/W	描述
7:0	BAUD_M[7:0]	0x00	R/W	波特率小数部分的值。BAUD_E和 BAUD_M决定了UART的波特率和SPI的主SCK时钟频率。

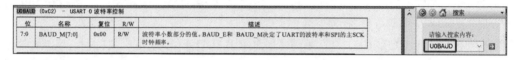

图 7-7　U0BAUD 波特率控制

设置波特率小数部分的值。BAUD__E 和 BAUD__M 决定 UART 的波特率和 SPI 的主 SCK 时钟频率。

（4）设置波特率数值。查阅 CC2530 数据手册“U0GCR（0xC5）- USART0 通用控制”，波特率数值的设置如图 7-8 所示。其中低 5 位用来设置波特率的数值，通过波特率指数值（BAUD_E）来设定。

U0GCR (0xC5) – USART 0 通用控制

位	名称	复位	R/W	描述
7	CPOL	0	R/W	SPI 的时钟极性 0：负时钟极性 1：正时钟极性
6	CPHA	0	R/W	SPI 时钟相位 0：当 *SCK* 从 CPOL 倒置到 CPOL 时数据输出到 *MOSI*，并且当 SCK 从 CPOL 倒置到 CPOL 时数据输入抽样到 *MISO*。 1：当 *SCK* 从 CPOL 倒置到 CPOL 时数据输出到 *MOSI*，并且当 *SCK* 从 CPOL 倒置到 CPOL 时数据输入抽样到 *MISO*。
5	ORDER	0	R/W	传送位顺序 0：LSB 先传送 1：MSB 先传送
4:0	BAUD_E[4:0]	0 0000	R/W	波特率指数值。BAUD_E 和 BAUD_M 决定了 UART 波特率 和 SPI 的主 SCK 时钟频率。

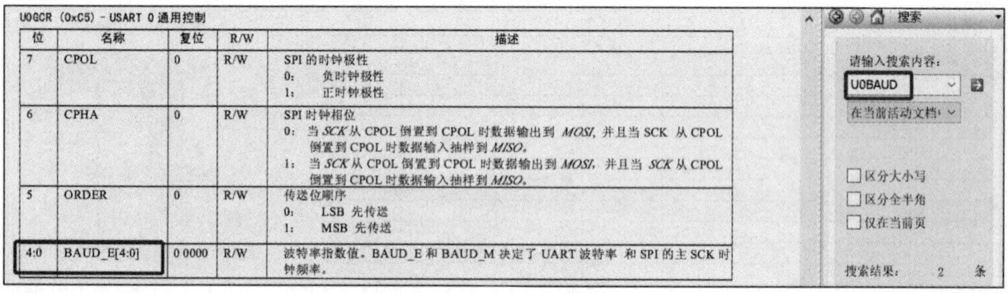

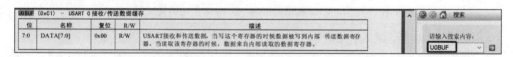

图 7-8　波特率数值的设置

步骤 2：了解 U0BUF 接收/传送数据缓存

查阅 CC2530 数据手册“U0BUF(0xC1)-USART0 接收/传送数据缓存”，U0BUF 的 USART0 接收/传送数据缓存如图 7-9 所示。

U0BUF (0xC1) – USART 0 接收/传送数据缓存

位	名称	复位	R/W	描述
7:0	DATA[7:0]	0x00	R/W	USART接收和传送数据。当写这个寄存器的时候数据被写到内部 传送数据寄存器。当读取该寄存器的时候，数据来自内部读取的数据寄存器。

图 7-9　U0BUF 的 USART0 接收/传送数据缓存

USART 接收和传送数据：当写寄存器时，数据被写到内部，传送给数据寄存器；当读寄存器时，读取数据寄存器内部的数据。

步骤 3：了解 U0UCR 控制寄存器

查阅 CC2530 数据手册，U0UCR 控制寄存器如图 7-10 所示。

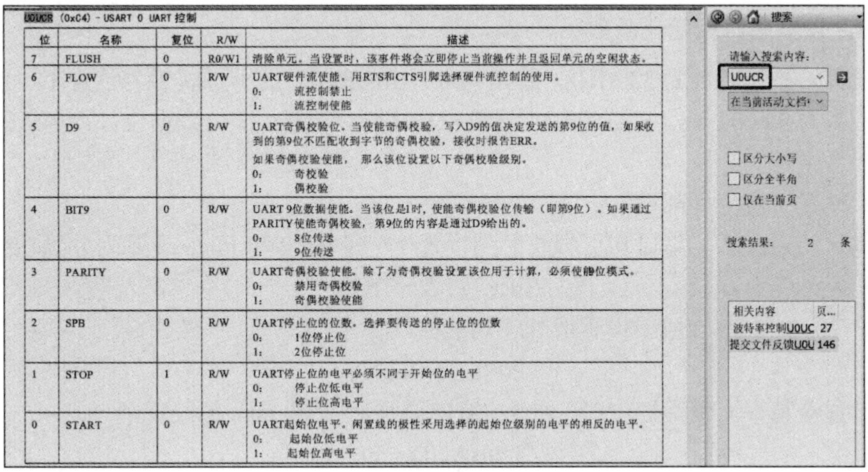

位	名称	复位	R/W	描述
7	FLUSH	0	R0/W1	清除单元。当设置时，这事件将会立即停止当前操作并且返回单元的空闲状态。
6	FLOW	0	R/W	UART硬件流使能，用RTS和CTS引脚选择硬件流控制的使用。 0: 流控制禁止 1: 流控制使能
5	D9	0	R/W	UART奇偶校验位，当使能奇偶校验，写入D9的值决定发送的第9位的值，如果收到的第9位不匹配收到字节的奇偶校验，接收将报告ERR。 如果奇偶校验使能，那么该位设置以下奇偶校验级别： 0: 奇校验 1: 偶校验
4	BIT9	0	R/W	UART 9位数据使能。当该位是1时，使能奇偶校验位传输（即第9位）。如果通过PARITY使能奇偶校验，第9位的内容是通过D9给出的。 0: 8位传送 1: 9位传送
3	PARITY	0	R/W	UART奇偶校验使能。除了为奇偶校验设置该位用于计算，必须使能奇偶位模式。 0: 禁用奇偶校验 1: 奇偶校验使能
2	SPB	0	R/W	UART停止的位数。选择要传送的停止位的位数 0: 1位停止位 1: 2位停止位
1	STOP	1	R/W	UART停止位的电平必须不同于开始位的电平。 0: 停止位低电平 1: 停止位高电平
0	START	0	R/W	UART起始位电平。闲置线的极性采用选择的起始位级别的电平的相反的电平。 0: 起始位低电平 1: 起始位高电平

图 7-10　U0UCR 控制寄存器

重点关注：第 0 位的 START（起始），第 1 位 STOP（停止），第 3 位的 PARITY（奇偶校验使能），第 4 位的 BIT9（传送的数据是 8 位还是 9 位），以及第 6 位的 FLOW（流控）。

在使用（接收）时，START 为低电平 0，STOP 为高电平 1，PARITY 为 0（禁用奇偶校验），BIT9 为 0（8 位传送），D9（奇偶校验）也是 0，FLOW（流控）也是被禁止的。第 7 位 FLUSH 是一个清除单元（置 1），U0UCR 寄存器所需的工作就是将第 7 位置 1，立即停止当前工作，并且返回单元的空闲状态，其他设置接受默认值就可以满足需要，即：

U0UCR |= 0x80;

步骤 4：了解控制和状态寄存器

查阅 CC2530 数据手册，U0CSR 控制和状态寄存器如图 7-11 所示。

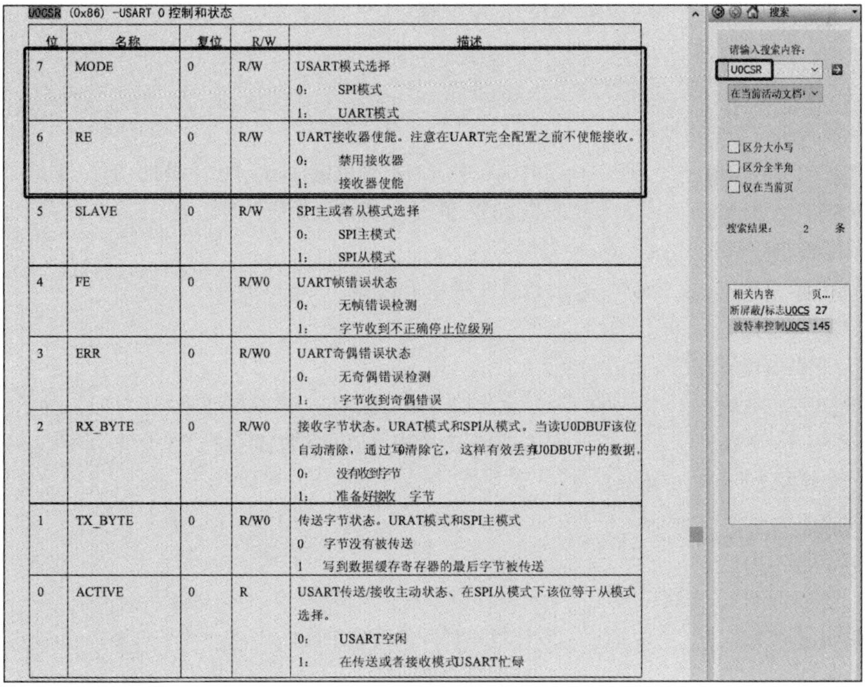

位	名称	复位	R/W	描述
7	MODE	0	R/W	USART模式选择 0: SPI模式 1: UART模式
6	RE	0	R/W	UART接收器使能。注意在UART完全配置之前不使能接收。 0: 禁用接收器 1: 接收器使能
5	SLAVE	0	R/W	SPI主或者从模式选择 0: SPI主模式 1: SPI从模式
4	FE	0	R/W0	UART帧错误状态 0: 无帧错误检测 1: 字节收到不正确停止位级别
3	ERR	0	R/W0	UART奇偶错误状态 0: 无奇偶错误检测 1: 字节收到奇偶错误
2	RX_BYTE	0	R/W0	接收字节状态。URAT模式和SPI从模式，当读U0DBUF该位自动清除，通过写0清除它，这样有效丢弃U0DBUF中的数据。 0: 没有收到字节 1: 准备好接收字节
1	TX_BYTE	0	R/W0	传送字节状态。URAT模式和SPI主模式 0 字节没有被传送 1 写到数据缓存寄存器的最后字节被传送
0	ACTIVE	0	R	USART传送/接收主动状态、在SPI从模式下该位等于从模式选择。 0: USART空闲 1: 在传送或者接收模式USART忙碌

图 7-11　U0CSR 控制和状态寄存器

步骤 5：设置串口初始化函数

例：设备的系统时钟为 32 MHz，将串口 0（USART0）的引脚映射为位置 1，选择 UART 模式，波特率为 9 600 bit/s，UART 禁止流控，禁止奇偶校验，8 位数据位，1 位停止位，使能接收中断和总中断。

分析：设置引脚为外部设备。

（1）确定映射关系。串口 0 引脚映射到位置 1，即 P0_2 和 P0_3 设置为外设功能。

$$PERCFG \&= \sim 0x01;$$

（2）将 P0_2 和 P0_3 端口设置成外设功能。

$$P0SEL \mathrel{|}= 0x0C;$$

（3）设置波特率。使用 CC2530 的 32 MHz 晶振和 9600 bit/s 的波特率。

$$U0BAUD = 59;$$
$$U0GCR = 8;$$

（4）配置串口属性和工作模式。将第 7 位置 1，其他保持默认值。禁止流控，8 位数据，清除缓冲器。

$$U0UCR \mathrel{|}= 0x80;$$
$$U0CSR \mathrel{|}= 0xC0 ;$$

（5）清除发送和接收中断标志位。

$$UTX0IF = 0;$$
$$URX0IF = 0;$$

（6）使能与串口相关的中断控制位。

$$URX0IE = 1;$$
$$EA = 1;$$

通过以上步骤，完成串口初始化函数的设置。

```
void Init_Uart0()
{
    //设置引脚为外部设备
    PERCFG &= ~0x01;            //串口 0 引脚映射到位置 1，即 P0_2 和 P0_3
    P0SEL  |= 0x0C;             //将 P0_2 和 P0_3 端口设置成外设功能
    //配置波特率
    U0BAUD = 59;                //设置波特率：32 MHz，9 600 bit/s
    U0GCR = 8;
    // 配置串口属性
    U0UCR  |= 0x80;             //禁止流控，8 位数据位，清除缓冲器
    U0CSR  |= 0xC0;             //选择 UART 模式，使能接收器
    //清除发送和接收中断标志位
    UTX0IF = 0;
    URX0IF = 0;
    //使能串口相关中断控制位
    URX0IE = 1;                 //使能串口 0 的接收中断
    EA = 1;                     //使能总中断
}
```

任务四　CC2530 串口数据发送基础

【任务要求】

（1）利用看门狗定时器的定时功能实现 1 s 定时。

（2）USART0 选择 UART 模式，波特率为 9 600 bit/s，I/O 引脚映射到备用位置 1。

（3）在看门狗中断服务函数中，由串口向上位机发送字符串 "Hello CC2530!"，回车换行。
D5 灯（LED5）作为数据发送指示灯，在字符串发送前点亮，在字符串发送结束后熄灭。

【视频教程】

本任务的视频教程，请扫描二维码 7-4。

二维码 7-4

【任务准备】

（1）已经安装的 IAR 集成开发环境；

（2）CC2530 开发板（XMF09B）；

（3）SmartRF04EB 仿真器；

（4）XMF09B 电路原理图；

（5）CC2530 数据手册；

（6）串口调试助手；

（7）串口线。

【任务实现】

步骤 1：绘制任务电路简图

根据 CC2530 电路图画出本任务电路简图，如图 7-12 所示。

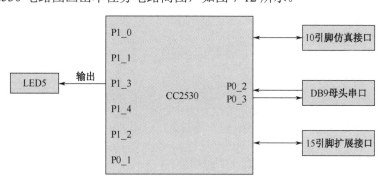

图 7-12　串口数据发送基础电路简图

步骤 2：设置工程基础环境

（1）新建文件夹，名称为"串口数据发送基础"。

（2）打开 IAR 软件，新建一个工作区。

（3）在工作区内新建一个空的工程，保存到新建的文件夹中，工程名称为"串口数据发送
基础.ewp"。

（4）配置芯片型号为 Texas Instruments 公司的 CC2530F256.i51。

（5）配置仿真器。仿真器驱动程序设置为"Texas Instruments"。

（6）新建代码文件，保存代码文件为"串口数据发送基础.c"。

（7）将代码文件"串口数据发送基础.c"添加到工程中。

（8）编写基础代码。

```
#include "ioCC2530.h"

void main()
{
  while(1)
  {
  }
}
```

编译，保存工作区，名称为"串口数据发送基础工作区"。当编译出现"Done. 0 error(s), 0 warning(s)"时，说明工程基础环境设置正常。

步骤 3：宏定义 LED 灯

根据电路简图对 LED 灯（D5）进行宏定义。

```
#define D5 P1_3
```

步骤 4：写出编程思路

厘清编程思路，写出开发流程。

```
#include "ioCC2530.h"

#define D5 P1_3

//系统时钟切换函数

//端口初始化函数

//串口初始化函数

//串口字节发送函数

//串口字符串发送函数

//看门狗初始化：设置为定时器模式，定时周期是 1 s

//看门狗定时 1 s 中断服务函数

void main()
{
  while(1)
  {
  }
}
```

步骤 5：编写系统时钟切换函数

```
void Set_Clock_32M()
{
}
```

（1）选择系统时钟源。查阅 CC2530 数据手册 CLKCONCMD 时钟控制命令参见图 7-1，为阅读方便，将其重列于表 7-2。

表 7-2　CLKCONCMD 时钟控制命令

位	名称	复位	R/W	描　　述
7	OSC32K	1	R/W	32 kHz 时钟振荡器选择。设置该位，只能发起一个时钟源改变。CLKCONSTA.OSC32K 反映当前的设置。当要改变该位时必须选择 16 MHz RCOSC 作为系统时钟。 0：32 kHz XOSC　　1：32 kHz RCOSC
6	OSC	1	R/W	系统时钟源选择。设置该位，只能发起一个时钟源改变。CLKCONSTA.OSC 反映当前的设置。 0：32 MHz XOSC　　1：16 MHz RCOSC
5～3	TICKSPD [2:0]	001	R/W	定时器标记输出设置。不能高于通过 OSC 位设置的系统时钟设置。 000：32 MHz 001：16 MHz 010：8 MHz 011：4 MHz 100：2 MHz 101：1 MHz 110：500 kHz 111：250 kHz 注意：CLKCONCMD.TICKSPD 可以设置为任意值，但是结果受 CLKCONCMD.OSC 设置的限制，即：如果 CLKCONCMD.OSC=1 且 CLKCONCMD.TICKSPD=000，则 CLKCONCMD.TICKSPD 读出 001 且实际 TICKSPD 频率是 16 MHz
2～0	CLKSPD	001	R/W	时钟速度。不能高于通过 OSC 位设置的系统时钟设置，表示当前系统时钟频率。 000：32 MHz 001：16 MHz 010：8 MHz 011：4 MHz 100：2 MHz 101：1 MHz 110：500 kHz 111：250 kHz 注意：（1）CLKCONCMD.CLKSPD 可以设置为任意值，但是结果受 CLKCONCMD.OSC 设置的限制，即：如果 CLKCONCMD.OSC=1 且 CLKCONCMD. CLKSPD=000，则 CLKCONCMD. CLKSPD 读出 001 且实际 CLKSPD 频率是 16 MHz。 （2）调试器不能和一个划分过的系统时钟一起工作。当运行调试器，且 CLKCONCMD.OSC=0 时，CLKCONCMD.CLKSPD 的值必须设置为 000；而当 CLKCONCMD.OSC=1 时，该值必须设置为 001

这里定义了时钟控制命令寄存器的每一位，第 6 位默认值是 1，这时 CC2530 运行在 16 MHz

的 RC 振荡器（RCOSC）下；若从 16 MHz 的 RC 振荡器切换到 32 MHz 的外部晶振（XOSC），则需要将第 6 位置 0，即：

$$0000\ 0000 \rightarrow 0100\ 0000 \rightarrow 0x40$$

$$CLKCONCMD\ \&=\ \tilde{}\,0x40$$

（2）时钟控制状态。CLKCONSTA 时钟控制状态参见图 7-2，为阅读方便，将其重列于表 7-3。

表 7-3   CLKCONSTA 时钟控制状态

位	名称	复位	R/W	描　　述
7	OSC32K	1	R	当前选择的 32 kHz 时钟源。 0：32 kHz XOSC 1：32 kHz RCOSC
6	OSC	1	R	当前选择的系统时钟。 0：32 MHz XOSC 1：16 MHz RCOSC
5～3	TICKSPD[2:0]	001	R	当前设置的定时器标记输出。 000：32 MHz 001：16 MHz 010：8 MHz 011：4 MHz 100：2 MHz 101：1 MHz 110：500 kHz 111：250 kHz
2～0	CLKSPD	001	R	当前时钟频率。 000：32 MHz 001：16 MHz 010：8 MHz 011：4 MHz 100：2 MHz 101：1 MHz 110：500 kHz 111：250 kHz

外部晶振从启动到稳定需要一定的时间，要等待外部晶振稳定后，再做进一步的设置。通过循环来实现外部晶振从启动到稳定的等待。时钟控制状态寄存器 CLKCONSTA 第 6 位（当前选择的系统时钟），如果这一位从 1 变成 0，说明系统时钟从启动到现在已达到稳定状态。通过"与"操作实现等待，系统默认值是 1，"1 & 0x40"（1 和 0x40 相与）的结果是 0x40，这时条件成立，进入循环体；如果该寄存器的第 6 位从 1 变成 0，"0 & 0x40"的结果是 0x00，则跳出循环体。

$$0000\ 0000 \rightarrow 0100\ 0000 \rightarrow 0x40$$

$$while(CLKCONSTA\ \&\ 0x40);$$

（3）系统时钟切换函数。查阅 CC2530 数据手册"CLKCONCMD-命令控制寄存器"的时钟频率部分。设置系统时钟频率为 32 MHz，第 1 位、第 2 位和第 3 位置 0，已经选择设置的系统时钟第 6 位仍然设置为 0，即：

$$0000\ 0000 \rightarrow 0100\ 1110 \rightarrow 0x47$$

$$CLKCONCMD\ \&=\ 0x47;$$

通过这两行语句，就实现了系统时钟从 16 MHz 到 32 MHz 的切换。

（4）编写系统时钟切换函数。

```
void Set_Clock_32M()
{
    CLKCONCMD &= ~0x40;
    while(CLKCONSTA & 0x40);
    CLKCONCMD &= ~0x47;
}
```

编译，看是否有拼写错误。

步骤 6：编写端口初始化函数

```
void Init_Port()
{
    P1SEL &= ~0x1B; //将 P1_0、P1_1、P1_3 和 P1_4 作为通用 I/O 端口
    P1DIR |= 0x1B;  //P1_0、P1_1、P1_3 和 P1_4 端口方向是输出
    P1 &= ~0x1B;    //关闭 4 个 LED 灯
}
```

步骤 7：编写串口初始化函数

（1）编程思想。

```
void Init_Uart0()
{
    //设置串口的引脚功能，将 P0_2 和 P0_3 设置成外设功能

    //设置串口的波特率：32 MHz 时钟下，波特率为 9 600 bit/s，查 CC2530 数据手册

    //设置控制寄存器：U0UCR

    //设置控制与状态寄存器：U0CSR

}
```

（2）编写串口初始化代码。

① 设置串口的引脚功能。将 P0_2 和 P0_3 设置成外设功能，查阅 CC2530 数据手册，PERCFG 外设控制如表 7-4 所示。

表 7-4　PERCFG 外设控制

位	名称	复位	R/W	描　　述
7	-	0	R0	没有使用
6	T1CFG	0	R/W	定时器 1 的 I/O 位置 0：备用位置 1 1：备用位置 2
5	T3CFG	0	R/W	定时器 3 的 I/O 位置 0：备用位置 1 1：备用位置 2

位	名称	复位	R/W	描　　述
4	T4CFG	0	R/W	定时器 4 的 I/O 位置 0：备用位置 1 1：备用位置 2
3～2	-	00	R/W	没有使用
1	U1CFG	0	R/W	USART1 的 I/O 位置 0：备用位置 1 1：备用位置 2
0	U0CFG	0	R/W	USART0 的 I/O 位置 0：备用位置 1 1：备用位置 2

将 P0_2 和 P0_3 设置成外设功能就是将第 0 位置 0 的操作，即：

$$0000\ 0000 \rightarrow 0000\ 0001 \rightarrow 0x01$$

$$\text{PERCFG \&= ~0x01;}$$

② 将这个寄存器的第 0 位置 0，是将串口 0 映射到备用位置 1，这个备用位置 1 就是 P0_2 和 P0_3。因此，要将 P0SEL 功能选择寄存器的第 2 位和第 3 位置 1，即：

$$0000\ 0000 \rightarrow 0000\ 1100 \rightarrow 0x0C$$

$$\text{P0SEL |= 0x0C;}$$

③ 设置串口波特率。对于 32 MHz，波特率为 9 600 bit/s。查阅 CC2530 数据手册，32 MHz 系统时钟常用的波特率设置如表 7-5 所示。

表 7-5　32 MHz 系统时钟常用的波特率设置

波特率/（bit/s）	UxBAUD.BAUD_M	UxGCR.BAUD_E	误差/%
2 400	59	6	0.14
4 800	59	7	0.14
9 600	59	8	0.14
14 400	216	8	0.03
19 200	59	9	0.14
28 800	216	9	0.03
38 400	59	10	0.14
57 600	216	10	0.03
76 800	59	11	0.14
115 200	216	11	0.03
230 400	216	12	0.03

由表 7-5，可如下设置波特率：

$$\text{U0BAUD = 59;}$$

$$\text{U0GCR = 8;}$$

④ 设置 UART 控制寄存器。查阅 CC2530 数据手册，U0CSR 的 USART0 控制如表 7-6 所示。

表 7-6 U0CSR 的 USART0 控制

位	名称	复位	R/W	描　述
7	FLUSH	0	R0/W1	清除单元。当设置该位时，将会立即停止当前操作并且返回单元的空闲状态
6	FLOW	0	R/W	UART 硬件流使能。用 RTS 和 CTS 引脚选择硬件流控制的使用。 0：流控制禁止 1：流控制使能
5	D9	0	R/W	UART 奇偶校验位。当使能奇偶校验时，写入 D9 的值决定发送的第 9 位的值；如果收到的第 9 位与收到字节的奇偶校验位不匹配，则接收时报告出错（ERR）。 如果奇偶校验已使能，那么该位用来设置以下奇偶校验级别。 0：奇校验 1：偶校验
4	BIT9	0	R/W	UART 9 位数据使能。当该位是 1 时，使能奇偶校验位（即第 9 位）传送。如果通过 PARITY 使能奇偶校验，则第 9 位的内容是通过 D9 给出的。 0：8 位传送 1：9 位传送
3	PARITY	0	R/W	UART 奇偶校验使能。除了为奇偶校验设置该位用于计算，必须使能 9 位模式。 0：禁用奇偶校验 1：奇偶校验使能
2	SPB	0	R/W	UART 停止位的位数。选择要传送的停止位的位数。 0：1 位停止位 1：2 位停止位
1	STOP	1	R/W	UART 停止位的电平必须不同于起始位电平 0：停止位低电平 1：停止位高电平
0	START	0	R/W	UART 起始位电平。闲置线的极性采用与选择的起始位级别的电平相反的电平。 0：起始位低电平 1：起始位高电平

第 7 位 FLUSH 是清除单元（置 1），U0UCR 寄存器所需要的工作就是第 7 位置 1，其他接受默认值就可以满足需要，即：

$$0000\ 0000 \rightarrow 1000\ 0000 \rightarrow 0x80$$

$$U0UCR\ |= 0x80;$$

⑤ 设置控制和状态寄存器。查阅 CC2530 数据手册"U0CSR(0x86)-USART0 控制和状态寄存器"。第 7 位置 1，将串口工作模式设置为 UART 模式；将第 6 位置 1，使能接收器，即：

$$0000\ 0000 \rightarrow 1100\ 0000 \rightarrow 0xC0$$

$$U0CSR\ |=0xC0;$$

由于这里只做发送，第 6 位可以不置 1。

（3）完成串口初始化函数。

```
void Init_Uart0()
{
    //设置串口的引脚功能，将P0_2和P0_3设置成外设功能
    PERCFG &= ~0x01;
    POSEL |= 0x0C; //0000 1100
    //设置串口的波特率：32 MHz, 9 600 bit/s
```

```
    U0BAUD = 59;
    U0GCR = 8;
    //设置 UART 控制  U0UCR
    U0UCR |= 0x80;
    //设置控制与状态寄存器  U0CSR
    U0CSR |= 0xC0;  //1100 0000
}
```

步骤 8：编写串口字节发送函数

实现一个字节的发送，通过数据发送缓冲器 U0DBUF 发送，将所要发送的内容传到 U0DBUF 缓冲器自动发送。串口一位一位发送需要一定的时间，通过监控标志位 UTX0IF 等待发送完成，发送完成后 UTX0IF 会置 1。发送完成后要将标志位置 0。

```
void UR0_SendByte(unsigned char dat)
{
    U0DBUF = dat;
    while(UTX0IF == 0);
    UTX0IF = 0;
}
```

步骤 9：编写串口字符串发送函数

通过实参传递字符发送内容，定义指针"*str"，一个一个字节地发送，遇见字符串结束标志"\0"则结束发送。使用循环一个字节一个字节地通过字节发送函数 SendByte()发送。发送完成一个字节指向下一个地址，直到完成发送。

```
void UR0_SendString(unsigned char *str)
{
    while(*str != '\0')
    {
        UR0_SendByte(*str++);
    }
}
```

步骤 10：编写看门狗初始化函数，设置为定时器模式，定时周期是 1 s

（1）配置看门狗定时控制器 WDCTL。看门狗定时器有两种工作模式：看门狗模式和定时器模式。查阅 CC2530 数据手册"WDCTL (0xC9) - 看门狗定时器控制"，当作为通用定时器时，有 4 种可供选择的定时间隔。看门狗定时器只有 1 s、0.25 s、15.625 ms 和 1.9 ms 这 4 种定时间隔供选择。第 2 位和第 3 位用于选择看门狗寄存器模式，这两位的值对于看门狗的定时器模式是 11，对于 1 s 定时器周期是 00，即：

$$0000\ 0000 \rightarrow 0000\ 1100 \rightarrow 0x0C$$

$$WDCTL = 0x0C;$$

（2）IEN2 中断使能控制器。查阅 CC2530 数据手册，IEN2 中断使能控制器的第 5 位使能看门狗，在初始化时，需要将该位置 1（使能），即：

$$0000\ 0000 \rightarrow 0010\ 0000$$

$$IEN2 \mathrel{|}= 0x20;$$

（3）使能总中断。

$$EA = 1;$$

（4）编写看门狗初始化函数。

```
void Init_WDT()  //设置为定时器模式，定时周期是 1 s
{
    WDCTL = 0x0C;  //0000 1100
    IEN2 |= 0x20;
    EA = 1;
}
```

步骤 11：编写看门狗定时 1 s 中断服务函数

（1）编写中断起始语句。

```
#pragma vector = ?
```

查找"ioCC2530.h"头文件中的"Interrupt Vectors"（中断向量）。

```
#pragma vector = WDT_VECTOR
```

（2）编写中断服务函数。

```
__interrupt void Service_Timer1()
{
}
```

清除中断标志位。

```
WDTIF = 0;
```

发送字符串，用发送字符串函数 UR0_SendString()，结尾注意"\r\n"回车换行。

```
UR0_SendString("Hello Word!\r\n");
```

发送前点亮 D5 灯。

```
D5 = 1;
```

发送完成后，关闭 D5 灯。

```
D5 = 0;
```

（3）编写看门狗定时 1 s 中断服务函数。

```
#pragma vector = WDT_VECTOR
__interrupt void Service_WDT()
{
    WDTIF = 0;
    D5 = 1;
    UR0_SendString("Hello CC2530!\r\n");
    D5 = 0;
}
```

步骤 12：编写主函数

（1）注意函数调用顺序。

```
void main()
```

```
{
初始化晶振
初始化端口
初始化串口
初始化看门狗
}
```

（2）主函数。

```
void main()
{
    Set_Clock_32M();
    Init_Port();
    Init_Uart0();
    Init_WDT();
    while(1)
    {
    }
}
```

步骤 13：编译，仿真调试

（1）连接硬件。将 RS-232 串口线和 SmartRF04EB 仿真器与 CC2530 开发板连接，如图 7-13 所示。

（2）编译，进入调试模式。

（3）打开"STC-ISP-v6.89.exe"串口调试助手软件，在 IAR 环境下单击图标 运行程序。每隔 1 s 发送 1 个字符串，同时开发板的 D5 灯每秒闪一下，闪一下代表发送一个数据，如图 7-14 所示。

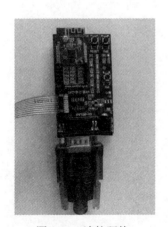

图 7-13　连接硬件

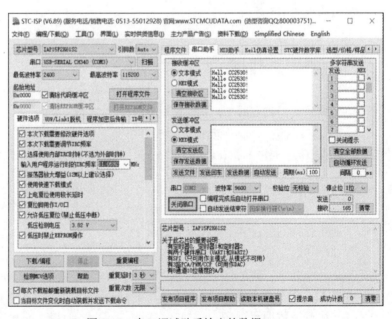

图 7-14　串口调试助手输出的数据

【任务代码】

```
#include "ioCC2530.h"
#define D5 P1_3
/*******************************************************
函数名称：Set_Clock_32M()
功　能：系统时钟切换
********************************************************/
void Set_Clock_32M()
{
    CLKCONCMD &= ~0x40;
    while(CLKCONSTA & 0x40);
    CLKCONCMD &= ~0x47;
}
/*******************************************************
函数名称：Init_Port()
功能：端口初始化
********************************************************/
void Init_Port()
{
    P1SEL &= ~0x1B;
    P1DIR |= 0x1B;
    P1 &= ~0x1B;
}
/*******************************************************
函数名称：Init_Uart0()
功能：串口初始化
********************************************************/
void Init_Uart0()
{
    //设置串口的引脚功能，将P0_2和P0_3设置成外设功能
    PERCFG &= ~0x01;
    P0SEL |= 0x0C; //0000 1100
    //设置串口的波特率：32 MHz，9 600 bit/s
    U0BAUD = 59;
    U0GCR = 8;
    //设置UART控制　U0UCR
    U0UCR |= 0x80;
    //设置控制与状态寄存器　U0CSR
    U0CSR |= 0xC0;   //1100 0000
}
/*******************************************************
函数名称：UR0_SendByte()
功能：串口字节发送
********************************************************/
```

```c
void UR0_SendByte(unsigned char dat)
{
    U0DBUF = dat;
    while(UTX0IF == 0);
    UTX0IF = 0;
}
/***********************************************************
函数名称：UR0_SendString()
功能：串口字符串发送
***********************************************************/
void UR0_SendString(unsigned char *str)
{
    while(*str != '\0')
    {
        UR0_SendByte(*str++);
    }
}
/***********************************************************
函数名称：Init_WDT()
功能：看门狗初始化。设置为定时器模式，定时周期是1 s
***********************************************************/
void Init_WDT()
{
    WDCTL = 0x0C;  //0000 1100
    IEN2 |= 0x20;
    EA = 1;
}
/***********************************************************
函数名称：Service_WDT()
功能：看门狗定时1 s中断服务函数
***********************************************************/
#pragma vector = WDT_VECTOR
__interrupt void Service_WDT()
{
    WDTIF = 0;
    D5 = 1;
    UR0_SendString("Hello CC2530!\r\n");
    D5 = 0;
}
/***********************************************************
函数名称：main()
功 能：程序的入口
***********************************************************/
```

```
void main()
{
    Set_Clock_32M();
    Init_Port();
    Init_Uart0();
    Init_WDT();
    while(1);
}
```

任务五　统计并上报按键触发的次数

【任务要求】

（1）设计按键扫描处理函数，每当 SW2 按下又松开后，切换 D6 灯（LED6）的开关状态，并统计按键触发的次数，形成字符串"按键 SW2 的触发次数为：XX\r\n"，发送到上位机。

（2）在主函数中，循环扫描按键的触发状态。

（3）USART0 选择 UART 模式，波特率为 9 600 bit/s，I/O 引脚映射到备用位置 1。

【视频教程】

本任务的视频教程，请扫描二维码 7-5。

二维码 7-5

【任务准备】

（1）已经安装的 IAR 集成开发环境；

（2）CC2530 开发板（XMF09B）；

（3）SmartRF04EB 仿真器；

（4）XMF09B 电路原理图；

（5）CC2530 中文数据手册；

（6）串口调试助手；

（7）USB 转串口线。

【任务实现】

步骤 1：绘制任务电路简图

根据 CC2530 电路图画出本任务电路简图，如图 7-15 所示。

步骤 2：设置工程的基础环境

（1）新建空的文件夹，名称为"统计并上报按键触发的次数"。

（2）打开 IAR 软件，新建一个工作区。

（3）在工作区内，新建一个空的工程，保存到新建的"统计并上报按键触发的次数"文件夹中，工程名称为"统计并上报按键触发的次数.ewp"。

（4）配置芯片型号为 Texas Instruments 公司的 CC2530F256.i51。

（5）配置仿真器。仿真器驱动程序设置为"Texas Instruments"。

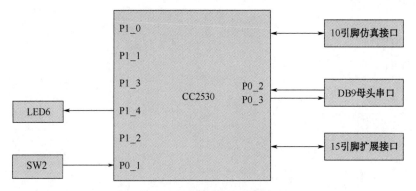

图 7-15　统计并上报按键触发次数的电路简图

（6）新建代码文件，保存代码文件名为"统计并上报按键触发的次数.c"。

（7）将代码文件"统计并上报按键触发的次数.c"添加到工程中。

（8）编写基础代码。

```
#include "ioCC2530.h"

void main()
{
  while(1)
  {
  }
}
```

编译，保存工作区，名称为"统计并上报按键触发的次数工作区"。当编译出现"Done. 0 error(s), 0 warning(s)"时，说明工程基础环境设置正常。

步骤 3：宏定义 D6 灯和按键 SW2

根据电路图对 D6 灯和按键 SW2 进行宏定义。

```
#include "ioCC2530.h"
#include "stdio.h"

#define D6 P1_4
#define SW2 P0_1

unsigned int count = 0;
unsigned char str[64];
```

步骤 4：编写简单的延时函数

```
void Delay(unsigned int t)
{
  while(t--);
}
```

步骤 5：编写端口初始化函数

```
void Init_Port()
```

```
{
    //LED 灯引脚初始化
    P1SEL &= ~0x1B;        //将 P1_0、P1_1、P1_3 和 P1_4 设为通用 I/O 端口
    P1DIR |= 0x1B;         //将 P1_0、P1_1、P1_3 和 P1_4 设为输出方向
    P1 &= ~0x1B;           //将 P1_0、P1_1、P1_3 和 P1_4 设为输出低电平
    //按键 SW2 引脚初始化
    P0SEL &= ~0x02;        //将 P0_1 设为通用 I/O 端口
    P0DIR &= ~0x02;        //将 P0_1 设为输入方向
    P0INP &= ~0x02;        //将 P0_1 配置为：上拉/下拉
    P2INP &= ~0x20;        //将 P0_1 配置为：上拉
}
```

步骤 6：编写系统时钟切换函数

```
void Set_Clock_32M()
{
    CLKCONCMD &= ~0X40;
    while(CLKCONSTA & 0x40);
    CLKCONCMD &= ~0X07;
}
```

步骤 7：编写串口 0 初始化函数

```
void Init_Uart0()
{
    //1-I/O 引脚映射到备用位置 1
    PERCFG &= ~0x01;
    P0SEL |= 0x0C;
    //2-波特率 9 600 bit/s，32 MHz
    U0BAUD = 59;
    U0GCR = 8;
    //3-UART 控制
    U0UCR |= 0x80;
    //4-控制与状态寄存器
    U0CSR |= 0xC0;
}
```

步骤 8：编写串口 0 字节发送函数

```
void UR0_SendByte(unsigned char dat)
{
    U0DBUF = dat;                  //将待发送数据放进发送缓冲器
    while(UTX0IF == 0);            //等待发送就绪
    UTX0IF = 0;                    //清除发送标志位
}
```

步骤 9：编写串口 0 字符串发送函数

```
void UR0_SendString(unsigned char * str)
```

```
    {
      while(*str != '\0')
      {
        UR0_SendByte(*str++);
      }
    }
```

步骤 10：编写按键扫描处理函数

```
    void Scan_Keys()
    {
      if(SW2 == 0)
      {
        Delay(200);
        if(SW2 == 0)
        {
          while(SW2 == 0);            //等待按键松开
          D6 = ~D6;                   //切换 D6 灯的开关状态
          count++;                    //统计按键按下的次数
          sprintf((char *)str,"按键 SW2 触发的次数为：%d\r\n",count);
          UR0_SendString(str);
        }
      }
    }
```

步骤 11：编写主函数

```
    void main()
    {
      Set_Clock_32M();              //系统时钟切换为 32 MHz
      Init_Port();                  //端口初始化
      Init_Uart0();                 //串口 0 初始化
      while(1)
      {
        Scan_Keys();                //循环扫描按键
      }
    }
```

步骤 12：编译，仿真调试

（1）连接硬件。将 RS-232 串口线和 SmartRF04EB 仿真器与 CC2530 开发板连接，如图 7-16 所示。

（2）编译，进入调试模式。

（3）打开 STC-ISP 串口调试助手，在 IAR 环境下单击图标 运行程序。每当 SW2 按下又松开后，切换 D6 灯的开关状态，并统计按键触发的次数，如图 7-17 所示。

图 7-16　连接硬件

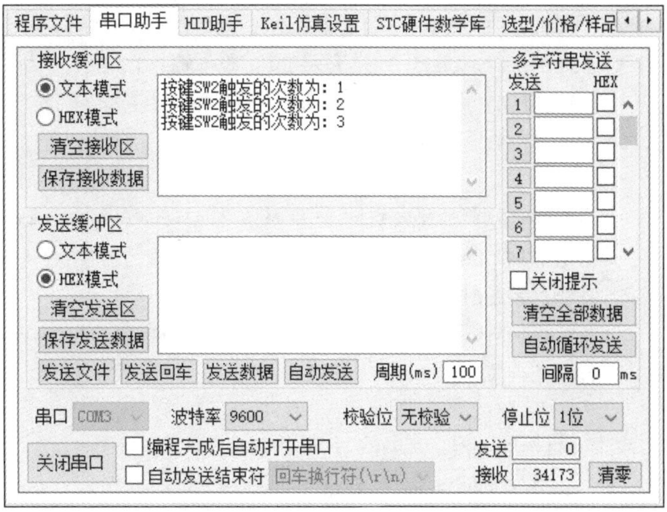

图 7-17　串口调试助手输出按键 SW2 触发的次数

【任务代码】

```c
#include "ioCC2530.h"
#include "stdio.h"

#define D6 P1_4
#define SW2 P0_1

unsigned int count = 0;
unsigned char str[64];
/*********************************************************
函数名称：Delay(unsigned int t)
功能：简单的延时函数
*********************************************************/
void Delay(unsigned int t)
{
  while(t--);
}
/*********************************************************
函数名称：Init_Port()
功能：端口初始化函数
*********************************************************/
void Init_Port()
{
  //LED 灯引脚初始化
  P1SEL &= ~0x1B;      //将 P1_0、P1_1、P1_3 和 P1_4 设为通用 I/O 端口
  P1DIR |= 0x1B;       //将 P1_0、P1_1、P1_3 和 P1_4 设为输出方向
  P1 &= ~0x1B;         //将 P1_0、P1_1、P1_3 和 P1_4 设为输出低电平
  //按键 SW2 引脚初始化
```

```
    POSEL &= ~0x02;        //将 P0_1 设为通用 I/O 端口
    PODIR &= ~0x02;        //将 P0_1 设为输入方向
    P0INP &= ~0x02;        //将 P0_1 配置为: 上拉/下拉
    P2INP &= ~0x20;        //将 P0_1 配置为: 上拉
}
/*********************************************************
函数名称: Set_Clock_32M()
功能: 系统时钟切换函数
*********************************************************/
void Set_Clock_32M()
{
    CLKCONCMD &= ~0x40;
    while(CLKCONSTA & 0x40);
    CLKCONCMD &= ~0x07;
}
/*********************************************************
函数名称: Init_Uart0()
功能: 串口 0 初始化函数
*********************************************************/
void Init_Uart0()
{
    //1-I/O 引脚映射到备用位置 1
    PERCFG &= ~0x01;
    POSEL |= 0x0C;
    //2-波特率 9 600 bit/s, 32 MHz
    U0BAUD = 59;
    U0GCR = 8;
    //3-UART 控制
    U0UCR |= 0x80;
    //4-控制与状态寄存器
    U0CSR |= 0xC0;
}
/*********************************************************
函数名称: UR0_SendByte()
功能: 串口 0 字节发送函数
*********************************************************/
void UR0_SendByte(unsigned char dat)
{
    U0DBUF = dat;              //将待发送数据放进发送缓冲器
    while(UTX0IF == 0);        //等待发送就绪
    UTX0IF = 0;                //清除发送标志位
}
/*********************************************************
```

```
函数名称：UR0_SendString()
功能：串口 0 字符串发送
*******************************************************/
void UR0_SendString(unsigned char * str)
{
  while(*str != '\0')
  {
    UR0_SendByte(*str++);
  }
}
/*******************************************************
函数名称：Scan_Keys()
功能：按键扫描处理函数
*******************************************************/
void Scan_Keys()
{
  if(SW2 == 0)
  {
    Delay(200);
    if(SW2 == 0)
    {
      while(SW2 == 0);           //等待按键松开
      D6 = ~D6;                  //切换 D6 灯的开关状态
      count++;                   //统计按键按下的次数
      sprintf((char *)str,"按键 SW2 触发的次数为：%d\r\n",count);
      UR0_SendString(str);
    }
  }
}
/*******************************************************
函数名称：main()
功 能：程序的入口
*******************************************************/
void main()
{
  Set_Clock_32M();             //系统时钟切换为 32MHz
  Init_Port();                 //端口初始化
  Init_Uart0();                //串口 0 初始化
  while(1)
  {
    Scan_Keys();               //循环扫描按键
  }
}
```

任务六 CC2530 串口数据收发基础

【任务要求】

（1）串口接收到上位机的一个数据后，在原值上加 1，发回上位机。

（2）D3 灯（LED3）作为数据接收指示灯，在接收到一个数据后，D3 灯点亮；D5 灯（LED5）作为数据发送指示灯，在数据发送之前点亮。在数据发送完成后，D3 灯和 D5 灯同时熄灭。

（3）USART0 选择 UART 模式，波特率为 9 600 bit/s，I/O 引脚映射到备用位置 1。

【视频教程】

CC2530 串口数据收发基础视频教程，请扫描二维码 7-6。

二维码 7-6

【任务准备】

（1）已经安装的 IAR 集成开发环境；

（2）CC2530 开发板（XMF09B）；

（3）SmartRF04EB 仿真器；

（4）XMF09B 电路原理图；

（5）CC2530 中文数据手册；

（6）串口调试助手。

【任务实现】

步骤 1：绘制任务电路简图

根据 CC2530 电路图画出本任务电路简图，如图 7-18 所示。

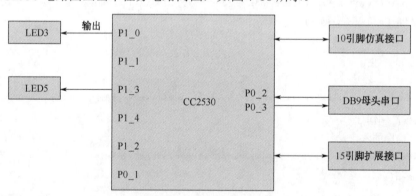

图 7-18 CC2530 串口数据收发基础电路简图

步骤 2：设置工程的基础环境

（1）新建文件夹，名称为"串口数据收发基础"。

（2）打开 IAR 软件，新建一个工作区。

（3）在工作区内，新建一个空的工程，保存到新建的"串口数据收发基础"文件夹中，工程名称为"串口数据收发基础.ewp"。

（4）配置芯片型号为 Texas Instruments 公司的 CC2530F256.i51。

（5）配置仿真器。仿真器驱动程序设置为"Texas Instruments"。

（6）新建代码文件，保存代码文件名为"串口数据收发基础.c"。

（7）将代码文件"串口数据收发基础.c"添加到工程中。

（8）编写基础代码。

```
#include "ioCC2530.h"

void main()
{
    while(1)
    {
    }
}
```

编译，保存工作区，名称为"串口数据收发基础工作区"。当编译出现"Done. 0 error(s), 0 warning(s)"时，说明工程基础环境设置正常。

步骤 3：写出编程思路

```
#include "ioCC2530.h"

//宏定义 LED 灯

//系统时钟切换函数

//端口初始化函数

//串口初始化函数

//串口字节发送函数

//串口数据接收中断服务函数

void main()
{
  while(1)
  {
  }
}
```

步骤 4：宏定义 LED 灯

对 LED 灯 D3、D5 进行宏定义。

```
#define D3 P1_0
#define D5 P1_3
```

步骤 5：编写系统时钟切换函数

（1）查阅 CC2530 数据手册"振荡器和时钟寄存器"部分，编写系统时钟切换函数。

```
void Set_Clock_32M()
```

```
    {
        CLKCONCMD &= ~0x40;
        while(CLKCONSTA & 0x40);
        CLKCONCMD &= ~0x47;
    }
```

步骤 6：编写端口初始化函数

```
void Init_Port()
{
    P1SEL &= ~0x1B;
    P1DIR |= 0x1B;
    P1 &= ~0x1B;
}
```

步骤 7：编写串口初始化函数

（1）编程思路。

① 设置串口的引脚功能，将 P0_2 和 P0_3 设置成外设功能。

② 设置串口波特率：32 MHz、波特率为 9 600 bit/s，可以查 CC2530 数据手册。

③ 设置 UART 控制寄存器，U0UCR。

④ 设置控制和状态寄存器，U0CSR。

⑤ 清除中断标志位。

⑥ 使能串口数据接收中断和总中断。

（2）参考本模块任务三，完成串口初始化函数的编写。

```
void Init_Uart0()
{
    //1-设置引脚的功能
    PERCFG &= ~0x01;
    P0SEL |= 0x0C;
    //2-设置波特率：32 MHz 9 600 bit/s
    U0BAUD = 59;
    U0GCR = 8;
    //3-设置 UART 控制寄存器
    U0UCR |= 0x80;
    //4-设置控制和状态
    U0CSR |= 0xC0;
    //5-清除中断标志
    UTX0IF = 0;
    URX0IF = 0;
    //6-使能串口数据接收中断和总中断
    URX0IE = 1;
    EA = 1;
}
```

步骤 8：编写串口字节发送函数

实现一个字节的发送，通过数据发送缓冲器 U0DBUF 发送。

```
void UR0_SendByte(unsigned char dat)
{
  U0DBUF = dat;
  while(UTX0IF == 0);
  UTX0IF = 0;
}
```

步骤 9：编写串口数据接收中断服务函数

串口在完成接收数据后会产生中断请求，编写串口 0 完成数据接收后的中断服务函数。

（1）编写中断起始语句。

```
#pragma vector = URX0_VECTOR
```

（2）定义中断服务函数，将接收的数据加 1 后再发送回去。定义临时变量 TMP 保存接收到的数据，通过串口节字发送函数发送回去。接收到数据时点亮 D3 灯，同时点亮 D5 灯作为发送指示灯。

```
#pragma vector = URX0_VECTOR
__interrupt void Service_UR0Recv()
{
  D3 = 1;
  unsigned char tmp;
  tmp = U0DBUF;
  tmp++;
  D5 = 1;
  UR0_SendByte(tmp);
  D3 = 0;
  D5 = 0;
}
```

步骤 10：编写主函数

```
void main()
{
  Set_Clock_32M();
  Init_Port();
  Init_Uart0();
  while(1)
  {}
}
```

步骤 11：仿真调试

（1）连接硬件。将 RS-232 串口线和 SmartRF04EB 仿真器与 CC2530 开发板连接。

（2）编译，下载到开发板。

（3）打开串口调试助手软件，设置端口→输入调试数据→自动发送。在 IAR-EW8051-8101

集成开发软件内单击"GO"按钮运行程序。在串口调试助手软件内单击"打开串口"按钮，如图 7-19 所示。

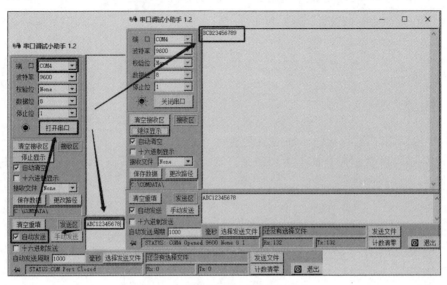

图 7-19 串口调试助手软件的输出

【任务代码】

```
#include "ioCC2530.h"

#define D3 P1_0
#define D5 P1_3
/*****************************************************
函数名称：Set_Clock_32M()
功能：设置系统时钟
*****************************************************/
void Set_Clock_32M()
{
   CLKCONCMD &= ~0X40;
   while(CLKCONSTA & 0x40);
   CLKCONCMD &= ~0x47;
}
/*****************************************************
函数名称：Init_Port()
功能：端口初始化
*****************************************************/
void Init_Port()
{
   P1SEL &= ~0x1B;
   P1DIR |= 0x1B;
   P1 &= ~0x1B;
}
```

```
/*********************************************************
函数名称：Init_Uart0()
功能：串口初始化
*********************************************************/
void Init_Uart0()
{
    //1-设置引脚的功能
    PERCFG &= ~0x01;
    P0SEL |= 0x0C;
    //2-设置波特率：32 MHz 9 600 bit/s
    U0BAUD = 59;
    U0GCR = 8;
    //3-设置 UART 控制寄存器
    U0UCR |= 0x80;
    //4-设置控制和状态
    U0CSR |= 0xC0;
    //5-清除中断标志
    UTX0IF = 0;
    URX0IF = 0;
    //6-使能串口数据接收中断和总中断
    URX0IE = 1;
    EA = 1;
}

/*********************************************************
函数名称：UR0_SendByte()
功能：串口字节发送
*********************************************************/
void UR0_SendByte(unsigned char dat)
{
    U0DBUF = dat;
    while(UTX0IF == 0);
    UTX0IF = 0;
}

/*********************************************************
函数名称：Service_UR0Recv()
功能：串口完成数据接收后的中断服务函数
*********************************************************/
#pragma vector = URX0_VECTOR
__interrupt void Service_UR0Recv()
{
    D3 = 1;
    unsigned char tmp;
    tmp = U0DBUF;
```

```
    tmp++;
    D5 = 1;
    UR0_SendByte(tmp);
    D3 = 0;
    D5 = 0;
}
/*****************************************************
函数名称：main()
功  能：程序的入口
*****************************************************/
void main()
{
    Set_Clock_32M();
    Init_Port();
    Init_Uart0();
    while(1);
}
```

任务七　CC2530 串口命令控制 LED 灯

【任务要求】

（1）USART0 选择 UART 模式，波特率 9 600 bit/s，I/O 引脚映射到备用位置 1。

（2）命令字"0xA1"，点亮 D4 灯（LED4），操作完成后，返回"D4 is open!"。

（3）命令字"0xA2"，关闭 D4 灯，操作完成后，返回"D4 is closed!"。

（4）命令字"0xB1"，点亮 D6 灯（LED6），操作完成后，返回"D6 is open!"。

（5）命令字"0xB2"，关闭 D6 灯，操作完成后，返回"D6 is closed!"。

（6）收到其他数据，不控制 LED 灯，返回"ERROR!!!"。

【视频教程】

CC2530 串口命令控制 LED 灯视频教程，请扫描二维码 7-7。

【任务准备】

（1）已经安装的 IAR 集成开发环境；

（2）CC2530 开发板（XMF09B）；

（3）SmartRF04EB 仿真器；

（4）XMF09B 电路原理图；

（5）CC2530 中文数据手册。

二维码 7-7

【任务实现】

步骤 1：绘制任务电路图

根据 CC2530 电路图画出本任务电路简图，如图 7-20 所示。

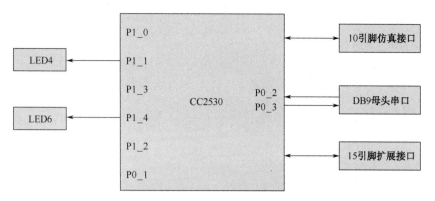

图 7-20　串口命令控制 LED 灯电路简图

步骤 2：设置工程的基础环境

（1）新建文件夹，名称为"串口命令控制 LED 灯"。

（2）打开 IAR 软件，新建一个工作区。

（3）在工作区内，新建一个空的工程，保存到新建的"串口命令控制 LED 灯"文件夹中，工程名称为"串口命令控制 LED 灯.ewp"。

（4）配置芯片型号为 Texas Instruments 公司的"CC2530F256.i51"。

（5）配置仿真器。仿真器驱动程序设置为"Texas Instruments"。

（6）新建代码文件，保存代码文件名为"串口命令控制 LED 灯.c"。

（7）将代码文件"串口命令控制 LED 灯.c"添加到工程中。

（8）编写基础代码。

```
#include "ioCC2530.h"

void main()
{
  while(1)
  {
  }
}
```

编译，保存工作区，名称为"串口命令控制 LED 灯工作区"。当编译出现"Done. 0 error(s), 0 warning(s)"时，说明工程基础环境设置正常。

步骤 3：写出编程思路

```
#include "ioCC2530.h"
//宏定义 LED 灯

//系统时钟切换函数

//端口初始化函数

//串口初始化函数

//串口字节发送函数
```

```
//串口字符串发送函数

//串口数据接收中断服务函数

//控制灯光开关函数

void main()
{
  while(1)
  {
  }
}
```

步骤4: 编写代码

（1）宏定义 LED 灯 D4 和 D6。

```
#define D4 P1_1
#define D6 P1_4
unsigned char cmd = 0;
```

（2）编写系统时钟切换函数。系统时钟从 16 MHz 切换为 32 MHz。

```
void Set_Clock_32M()   //系统时钟从 16 MHz 切换为 32 MHz
{
  CLKCONCMD &= ~0x40;
  while(CLKCONSTA & 0x40);
  CLKCONCMD &= ~0x07;
}
```

（3）编写端口初始化函数

```
void Init_Port()
{
  P1SEL &= ~0x1B;       //将 P1_0、P1_1、P1_3 和 P1_4 设为通用 I/O 端口
  P1DIR |= 0x1B;        //将 P1_0、P1_1、P1_3 和 P1_4 设为输出方向
  P1 &= ~0x1B;          //将 P1_0、P1_1、P1_3 和 P1_4 设为输出低电平
}
```

（4）编写串口初始化函数。

```
void Init_Uart0()
{
  //1-配置 I/O 引脚
  PERCFG &= ~0x01;
  POSEL |= 0x0c;
  //2-设置波特率
  U0BAUD = 59;
  U0GCR = 8;
```

```
//3-设置 UART 控制寄存器
UOUCR |= 0x80;
//4-设置串口的控制与状态寄存器   UOCSR |= 0xC0;
//5-使能中断相关的控制位
UTX0IF = 0;
URX0IF = 0;
URX0IE = 1;
EA = 1;
}
```

（5）编写串口字节发送函数

```
void UR0_SendByte(unsigned char dat)
{
    UODBUF = dat;                   //将待发送数据放进发送缓冲器
    while(UTX0IF == 0);             //等待发送就绪
    UTX0IF = 0;                     //清除发送标志位
}
```

（6）编写串口字符串发送函数

```
void UR0_SendString(unsigned char * str)
{
    while(*str != '\0')
    {
        UR0_SendByte(*str++);
    }
}
```

（7）编写串口数据接收中断服务函数。定义一个接收命令的变量，存放接收数据缓冲器中的数据。

```
#pragma vector = URX0_VECTOR
__interrupt void Service_UR0_Recv()
{
    cmd = UODBUF;
}
```

（8）编写控制灯光开关函数。

```
void Control()_LED
{
    switch(cmd)                 //解析上位机命令，控制灯光
    {
        case 0xA1:
                D4 = 1;
                UR0_SendString("D4 is open!!!\r\n");
        break;
        case 0xA2:
```

```
                    D4 = 0;
                    UR0_SendString("D4 is closed!!!\r\n");
                    break;
            case 0xB1:
                    D6 = 1;
                    UR0_SendString("D6 is open!!!\r\n");
            break;
            case 0xB2:
                    D6 = 0;
                    UR0_SendString("D6 is closed!!!\r\n");
             break;
             default:
                    UR0_SendString("ERORR!\r\n");
             break;
        }
    }
```

步骤 5：编写主函数

在主函数中判断 LED_Control() 中的 cmd 如果不为 0，就收到了新的命令字。当收到串口数据时不为 0，能通过中断服务函数赋值给它。

```
void main()
{
  Set_Clock_32M();          //系统时钟切换为 32 MHz
  Init_Uart0();             //串口 0 初始化
  Init_Port();              //端口初始化
  while(1)
  {
    if(cmd != 0)
    {
    Control_LED();
    }
  }
}
```

步骤 6：仿真调试

（1）编译，下载到开发板，单击"GO"按钮运行。开发板硬件连接如图 7-21所示。

（2）打开串口调试助手，其运行结果如图 7-22 所示。

图 7-21　硬件连接

图 7-22　串口调试助手运行结果

【任务代码】

```
#include "ioCC2530.h"

#define D4 P1_1
#define D6 P1_4

unsigned char cmd = 0;
/***********************************************
函数名称：Set_Clock_32M()
功  能：设置系统时钟，从 16 MHz 切换为 32 MHz
***********************************************/
void Set_Clock_32M()
{
    CLKCONCMD &= ~0x40;
    while(CLKCONSTA & 0x40);
    CLKCONCMD &= ~0x47;
}
/***********************************************
函数名称：Init_Port()
功能：端口初始化
***********************************************/
void Init_Port()
{
    //配置 4 个 LED 灯的引脚
    P1SEL &= ~0x1B;    // 0001 1011
    P1DIR |= 0x1B;
    P1 &= ~0x1B;
}
```

```
/************************************************************
函数名称：Init_Uart0()
功能：串口初始化
************************************************************/
void Init_Uart0()
{
    //1-设置 TXD 和 RXD 引脚的外设功能
    PERCFG &= ~0x01;
    POSEL |= 0x0C;   //0000 1100
    //2-设置波特率：32 MHz，9 600 bit/s
    U0BAUD = 59;
    U0GCR = 8;
    //3-UART 控制寄存器
    U0UCR |= 0x80;
    //4-设置串口的工作模式：UART，使能接收器
    U0CSR |= 0xC0;   //1100 0000
    //5-清除串口发送和接收中断标志位
    UTX0IF = 0;
    URX0IF = 0;
    //6-使能串口接收中断
    URX0IE = 1;
    EA = 1;
}

/************************************************************
函数名称：UR0_SendByte()
功能：串口字节发送
************************************************************/
void UR0_SendByte(unsigned char dat)
{
    U0DBUF = dat;
    while(UTX0IF == 0);
    UTX0IF = 0;
}

/************************************************************
函数名称：UR0_SendByte()
功能：串口字符串发送
************************************************************/
void UR0_SendString(unsigned char *str)
{
    while(*str != '\0')
    {
        UR0_SendByte(*str++);
    }
}
```

```
/*********************************************************
函数名称：Service_UR0Recv()
功能：串口数据接收中断服务函数
*********************************************************/
#pragma vector = URX0_VECTOR
__interrupt void Service_UR0Recv()
{
  cmd = U0DBUF;
}
/*********************************************************
函数名称：Control_LED()
功能：控制灯光开关函数
*********************************************************/
void Control_LED()
{
  switch(cmd)
  {
    case 0xA1:
      D4 = 1;
      UR0_SendString("D4 is open!\r\n");
    break;

    case 0xA2:
      D4 = 0;
      UR0_SendString("D4 is closed!\r\n");
    break;
    case 0xB1:
      D6 = 1;
      UR0_SendString("D6 is open!\r\n");
    break;

    case 0xB2:
      D6 = 0;
      UR0_SendString("D6 is closed!\r\n");
    break;
  }
  cmd = 0;
}
/*********************************************************
函数名称：main()
功 能：程序的入口
*********************************************************/
void main()
```

```
    {
        Set_Clock_32M();
        Init_Port();
        Init_Uart0();

        while(1)
        {
            if(cmd != 0)
            {
                Control_LED();
            }
        }
    }
```

习　　题

一、单项选择题

1. 当使用 CC2530 的串口 0 发送数据时，应等待一个字节数据发送完成后才能发送下一个字节，可以实现上述功能的代码是（　　）。

    A. if(UTX0IF == 0);　　　　　　　　B. if(UTX0IF == 1);

    C. while(UTX0IF == 0);　　　　　　　D. while(UTX0IF == 1);

2. CC2530 串口引脚输出信号为（　　）电平。

    A. CMOS　　　　　B. RS-232　　　　　C. TTL　　　　　D. USB

3. 在 CC2530 的串口通信中，用于选择串口位置的寄存器是（　　）。

    A. APCFG　　　　　B. PERCFG　　　　　C. UxCSR　　　　　D. UxUCR

4. 当 CC2530 串口 0 接收到数据时，可用以下代码（　　）将接收到的数据存储到变量 temp 中。

    A. temp = U0DBUF　　　　　　　　B. temp = U1DBUF

    C. temp = SBUF0　　　　　　　　　D. temp = SBUF1

5. 在 CC2530 中，使用串口时要做的寄存器设置有（　　）。

    A. 通过 APCFG 选择串口外设　　　　B. 使用 PxSEL 配置外设的引脚为 GPIO

    C. 使用 UxCSR 配置串口通信模式　　D. 以上都对

6. 在 CC2530 应用中，串口经常要用到，关于串口说法正确的是（　　）。

    A. 要使用 APCFG 指定要启用的串口

    B. 串口实际就是指一组引脚，因此要将串口的相关引脚配置为外设

    C. 串口接收与发送寄存器一次可以存放 2 字节

    D. 串口发送数据时必须使能发送中断

7. 关于 CC2530 串口 0 的缓存寄存器 U0DBUF，下列说法错误的是（　　）。

    A. 发送与接收使用同一个寄存器

    B. 发送时，当 U0DBUF 有值时，硬件自动发送数据

C. U0DBUF 可以存放多个字节

D. 当 URX0IF = 0 时，U0DBUF 自动清空

8. 下面关于串行通信与并行通信的说法中，正确的是（　　）。

A. 串行通信和并行通信相比，传输速度快，占用资源少

B. 串行通信和并行通信相比，传输速度慢，占用资源少

C. 串行通信和并行通信相比，传输速度慢，占用资源多

D. 串行通信和并行通信相比，传输速度快，占用资源多

9. 下面关于 CC2530 串行通信接口的说法中，正确的是（　　）。

A. CC2530 有 2 路串行通信接口，分别是：USART0 和 USART1

B. CC2530 的 2 路串行通信接口具有相同的功能

C. CC2530 的串行通信接口有 2 种工作模式：UART 模式和 SPI 模式

D. 以上的说法都正确

10. 下面关于 CC2530 串行通信接口的说法中，正确的是（　　）。

A. CC2530 的串行通信接口只能有 UART 一种模式

B. 在 UART 模式中只有数据接收中断

C. 在 UART 模式中提供全双工传送

D. 在 UART 模式中不能设置波特率

11. 下面关于 CC2530 串行通信 UART 模式的说法中，错误的是（　　）。

A. 在 UART 模式中，提供全双工传送

B. 通过 UxUCR 寄存器设置 UART 模式中的控制参数

C. 在 UART 模式中，数据发送和数据接收共用一个中断向量

D. 在 UART 模式中，数据发送和数据接收分别有独立的中断向量

12. 下面关于 CC2530 串行通信 UART 模式的说法中，错误的是（　　）。

A. 在 UART 模式中，可以同时进行数据发送和数据接收

B. 在 UART 模式中，不能同时进行数据发送和数据接收

C. 发送数据时，将字节数据放到 UxDBUF 寄存器中，便会自动发送

D. 当完成一个字节的接收后，该字节数据会放到 UxDBUF 寄存器中

13. CC2530 串行通信接口 USART0 的通用控制寄存器是（　　）。

A. U0BAUD　　　　　B. U0BUF　　　　　C. U0CSR　　　　　D. U0GCR

14. CC2530 串行通信接口 USART0 的状态控制寄存器是（　　）。

A. U0GCR　　　　　B. U0CSR　　　　　C. U0BUF　　　　　D. U0BAUD

15. 使用 CC2530 的 USART0 发送数据"0x52"的正确语句是（　　）。

A. U0BUF = 0x52;　　　　　　　B. U0DBUF = 0x52;

C. U1BUF = 0x52;　　　　　　　D. U1DBUF = 0x52;

16. 将 CC2530 的 USART1 接收到的数据读取到变量 dat 中的正确语句是（　　）。

A. dat = U1BUF;　　　　　　　B. dat = U0BUF;

C. dat = U1DBUF;　　　　　　　D. dat = U0DBUF;

17. 使能 CC2530 的 USART0 数据发送完成中断，正确语句是（　　）。

A. UTX0IE = 1;　　　　　　　B. URX0IE = 1;

C. UTX0IF = 1;　　　　　　　D. URX0IF = 1;

18. 使能 CC2530 的 USART0 数据接收完成中断，正确语句是（　　　）。

  A. UTX0IE = 1;   B. URX0IE = 1;

  C. UTX0IF = 1;   D. URX0IF = 1;

19. 当 CC2530 的 USART0 完成一个字节的接收后，中断标志位（　　　）置 1。

  A. UTX0IE   B. URX0IF   C. URX0IE   D. UTX0IF

20. 当 CC2530 的 USART0 完成一个字节的发送后，中断标志位（　　　）置 1。

  A. URX0IE   B. URX0IF   C. UTX0IE   D. UTX0IF

二、多项选择题

1. 以下属于串行通信接口标准的是（　　　）。

  A. RS-485   B. RS-232   C. SPI   D. Modbus

2. CC2530 的两个串行通信接口为（　　　）。

  A. USART0   B. USART1   C. USART3   D. USART4

3. CC2530 的串口有哪几种通信模式？（　　　）

  A. UART 模式   B. 串口模式   C. SPI 模式   D. USART 模式

4. 在串口触发 DMA 传输事例中需要以下工作选项。（　　　）

  A. DMA 初始化   B. 串口初始化   C. DMA 地址源   D. DMA 触发传输

5. 以下寄存器不属于串口 0 控制和状态寄存器的是（　　　）。

  A. U0SCR   B. U0UCR   C. U0BUF   D. U0GCR

模块八 A/D 转换器及相关寄存器

任务一 CC2530 的 A/D 转换器及相关寄存器

【任务要求】

（1）了解 CC2530 A/D 转换器（ADC，模数转换器）的原理；

（2）掌握 ADC 相关寄存器。

【视频教程】

本任务的视频教程，请扫描二维码 8-1。

二维码 8-1

【任务实现】

步骤 1：了解 A/D 转换（模数转换）的基本工作原理

将时间上连续变化的模拟量转化为数字量的过程叫作数字化，实现数字化的关键设备是 A/D 转换器（ADC）。

ADC 将时间和幅值连续的模拟量转化为时间和幅值离散的数字量，A/D 转换一般要经过采样、保持、量化和编码 4 个过程，如图 8-1 所示。

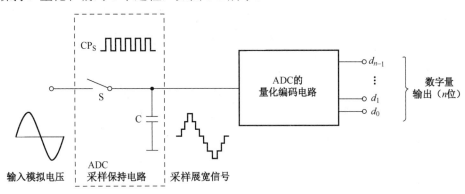

图 8-1 A/D 转换器（ADC）的 A/D 转换过程

步骤 2：认识 CC2530 的 ADC 模块

CC2530 的 ADC 模块支持最高 14 位二进制的 A/D 转换，具有 12 位的有效数据位，它包括 1 个模拟多路转换器和 8 个各自可配置的通道，以及 1 个参考电压发生器等，如图 8-2 所示。

ADC 模块具有如下主要特征：

（1）可选取的抽取率，可设置分辨率（7～12 位）。

（2）8 个独立的输入通道，可接收单端信号或差分信号。

（3）参考电压为内部单端、外部单端、外部差分或 AVDD5（AVDD 的引脚电压）。

（4）单通道转换结束时可产生中断请求。

（5）序列转换结束时可发出 DMA（直接存储器访问）触发。

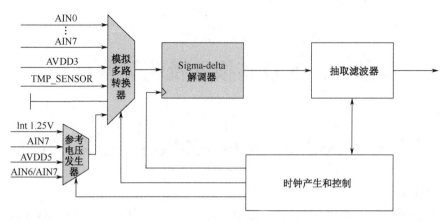

图 8-2　CC2530 的 ADC 模块

（6）可将片内温度传感器作为输入。

（7）具有电池电压监测功能。

步骤 3：了解 ADC 模块的信号输入

端口 0 引脚可以配置为 ADC 输入端，依次为 AIN0～AIN7。

（1）可以把输入配置为单端输入或差分输入。

（2）差分输入对：AIN0/AIN1、AIN2/AIN3、AIN4/AIN5、AIN6/AIN7。

（3）片上温度传感器的输出也可以作为 ADC 的输入，用于测量芯片的温度。

（4）可以将一个对应 AVDD5/AVDD3 的电压作为 ADC 输入，实现电池电压监测。

（5）负电压和大于 VDD 的电压都不能用于这些引脚。

（6）单端电压输入 AIN0～AIN7，以通道号 0～7 表示；4 个差分输入对则以通道号 8～11 表示；温度传感器的通道号为 14；AVDD5/AVDD3 电压输入的通道号为 15。

步骤 4：理解 ADC 相关的几个概念

（1）序列 A/D 转换：可以按序列进行多通道的 A/D 转换，并把结果通过 DMA 传送到存储器，而无须 CPU 参与。

（2）单通道 A/D 转换：在程序设计中，通过写 ADCCON3 寄存器触发单通道 A/D 转换；一旦寄存器被写入，A/D 转换就立即开始。

（3）参考电压：内部生成的电压，AVDD5 引脚电压，适用于 AIN7 输入引脚的外部电压，或者适用于 AIN6/AIN7 输入引脚的差分电压。

（4）转换结果：数字转换结果以 2 的补码形式表示。对于单端配置，结果总是正的；对于差分配置，两个引脚之间的差分电压被转换，可以是负数。当 ADCCON1.EOC 位设置为 1 时，数字转换结果可以获得，且结果总是驻留在寄存器 ADCH 和 ADCL 组合的 MSB 段中。

（5）中断请求：当通过写 ADCCON3 触发一个单通道转换完成时，将产生一个中断；而当完成一个序列转换时，是不产生中断的。每当完成一个序列转换，ADC 将产生一个 DMA 触发。

（6）寄存器：ADC 有两个数据寄存器 ADCL 和 ADCH，三个控制寄存器 ADCCON1、ADCCON2 和 ADCCON3。

步骤 5：ADC 运行模式和初始化转换

ADC 的三个控制寄存器 ADCCON1、ADCCON2 和 ADCCON3，用于配置 ADC 并报告结果。

（1）ADCCON1.EOC 是一个状态位，当转换结束时，设置为高电平；当读取 ADCH 时，它就被清除。

（2）ADCCON1.ST 用于启动一个转换序列。当该位设置为高电平，ADCCON1.STSEL 的值是 11，且当前没有转换正在运行时，就启动一个序列；当这个序列转换完成后，该位就被自动清除。

（3）ADCCON1.STSEL 所选择的事件将启动一个新的转换序列。其选项包括外部引脚 P2.0 的触发，全速（不等待触发器），定时器 1 的通道 0 比较事件，或 ADCCON1.ST=1。

（4）ADCCON2 寄存器用于控制转换序列。其中 ADCCON2.SREF 用于选择参考电压。参考电压只能在没有转换运行时修改。

（5）ADCCON2.SDIV 用于选择抽取率（因此也设置了分辨率和完成一个转换所需的时间）。抽取率只能在没有转换运行时修改。转换序列的最后一个通道由 ADCCON2.SCH 选择。

（6）ADCCON3 寄存器用于控制单个转换的通道号、参考电压和抽取率。单个转换在寄存器 ADCCON3 写入后将立即发生；但如果一个转换序列正在进行，则该序列结束之后立即发生。该寄存器各位的编码和 ADCCON2 是完全一样的。

步骤 6：了解 ADC 转换结果

前面提到，数字转换结果以 2 的补码形式表示。对于单端配置，结果总为正；这是因为结果是输入信号和地之间的差值，它总是一个正数（$V_{conv} = V_{inp}-V_{inn}$，其中 $V_{inn}=0\,V$）。当输入幅度等于所选的参考电压 VREF 时，达到最大值。对于差分配置，两个引脚对之间的差分电压被转换，这个差分电压可以是负数。对于抽取率是 512 的一个数字转换结果的 12 位 MSB，当模拟输入 V_{conv} 等于 VREF 时，数字转换结果是 2047。当模拟输入等于-VREF 时，数字转换结果是-2048。

当 ADCCON1.EOC 设置为 1 时，数字转换结果是可以获得的，且结果放在 ADCH 和 ADCL 中。注意转换结果总是驻留在 ADCH 和 ADCL 寄存器组合的 MSB 段中。

ADCCON2.SCH 的值将指示转换在哪个通道上进行。ADCL 和 ADCH 中的结果一般适用于之前的转换。如果转换序列已经结束，ADCCON2.SCH 的值将大于最后一个通道号，如果最后写入 ADCCON2.SCH 的通道号是 12 或更大，则将读回同一个值。

步骤 7：了解 ADC 参考电压

A/D 转换的参考正电压可选为一个内部生成的电压、AVDD5 引脚电压、适用于 AIN7 输入引脚的外部电压，或适用于 AIN6～AIN7 输入引脚的差分电压。

转换结果的准确性取决于参考电压的稳定性和噪声属性。当电压有偏差时会导致 ADC 增益误差，该误差与希望电压和实际电压之比成正比。参考电压的噪声必须低于 ADC 的量化噪声，以确保达到规定的信噪比（SNR）。

步骤 8：了解 ADC 转换时间

ADC 只能运行于 32 MHz 晶振（XOSC）频率，用户不能整除系统时钟。实际 ADC 采样的 4 MHz 的频率由固定的内部分频器产生。执行一个转换所需的时间取决于所选的抽取率。转换时间由以下公式给定：

$$T_{conv} = （抽取率 + 16）\times 0.25\,\mu s$$

步骤 9：了解 ADC 中断

当通过写 ADCCON3 触发的单个转换完成时，ADC 将产生一个中断。但当完成一个序列转换时，不产生中断。

步骤 10：了解 ADC DMA 触发

每完成一个序列转换，ADC 将产生一个 DMA 触发。而完成单个转换时，不产生 DMA 触发。

对于 ADCCON2.SCH 前 8 个值所定义的 8 个通道，每个通道都有一个 DMA 触发。当通道中一个新的样本准备转换时，DMA 触发是活动的。

步骤 11：了解 CC2530 ADC 寄存器

（1）APCFG 寄存器（模拟外设 I/O 配置）：如图 8-3 所示。

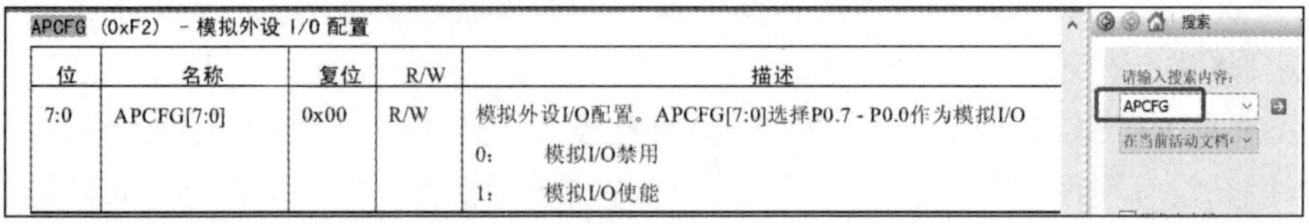

APCFG (0xF2) – 模拟外设 I/O 配置

位	名称	复位	R/W	描述
7:0	APCFG[7:0]	0x00	R/W	模拟外设I/O配置。APCFG[7:0]选择P0.7 - P0.0作为模拟I/O 0: 模拟I/O禁用 1: 模拟I/O使能

图 8-3　APCFG 寄存器

（2）ADCH 寄存器（ADC 数据高位）和 ADCL 寄存器（ADC 数据低位）：如图 8-4 所示。

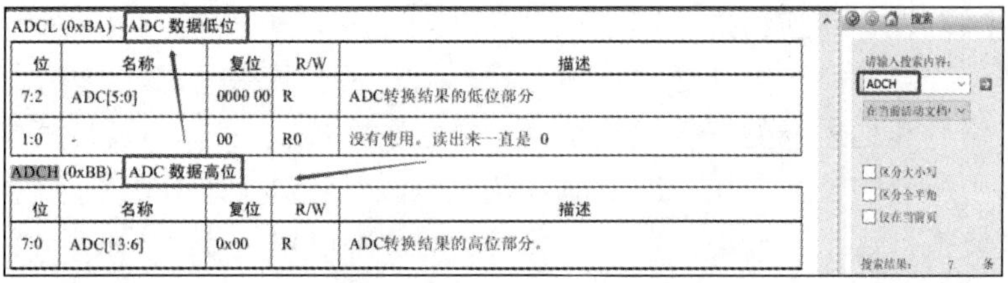

ADCL (0xBA) – ADC 数据低位

位	名称	复位	R/W	描述
7:2	ADC[5:0]	0000 00	R	ADC转换结果的低位部分
1:0	-	00	R0	没有使用。读出来一直是 0

ADCH (0xBB) – ADC 数据高位

位	名称	复位	R/W	描述
7:0	ADC[13:6]	0x00	R	ADC转换结果的高位部分。

图 8-4　ADCH 和 ADCL 寄存器

（3）ADCCON1 寄存器：如图 8-5 所示。

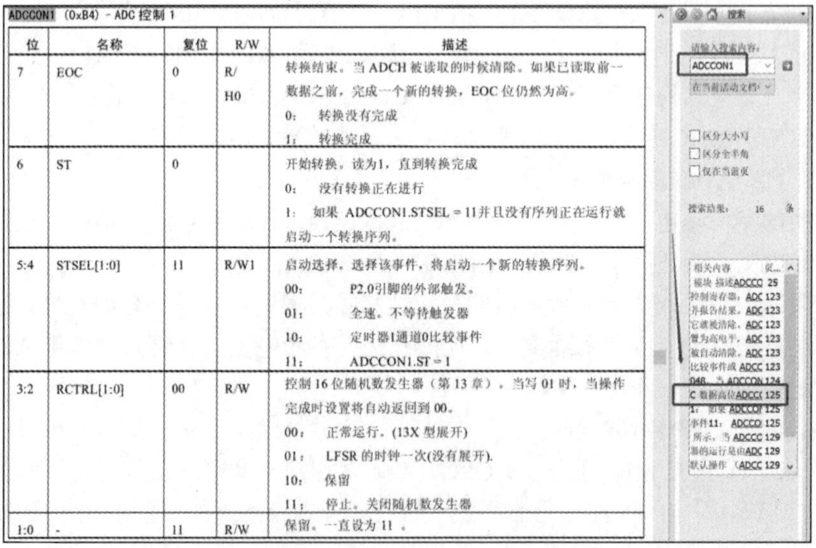

ADCCON1 (0xB4) – ADC 控制 1

位	名称	复位	R/W	描述
7	EOC	0	R/H0	转换结束。当 ADCH 被读取的时候清除。如果已读取前一数据之前，完成一个新的转换，EOC 位仍然为高。 0: 转换没有完成 1: 转换完成
6	ST	0		开始转换。读为1，直到转换完成 0: 没有转换正在进行 1: 如果 ADCCON1.STSEL = 11并且没有序列正在运行就启动一个转换序列。
5:4	STSEL[1:0]	11	R/W1	启动选择。选择该事件，将启动一个新的转换序列。 00: P2.0引脚的外部触发。 01: 全速。不等待触发器 10: 定时器1通道0比较事件 11: ADCCON1.ST = 1
3:2	RCTRL[1:0]	00	R/W	控制 16 位随机数发生器（第 13 章）。当写 01 时，当操作完成时设置将自动返回到 00。 00: 正常运行。(13X 型展开) 01: LFSR 的时钟一次(没有展开). 10: 保留 11: 停止。关闭随机数发生器
1:0	-	11	R/W	保留。一直设为 11 。

图 8-5　ADCCON1 寄存器

（4）ADCCON2 寄存器：是与序列转换有关的寄存器，如图 8-6 所示。

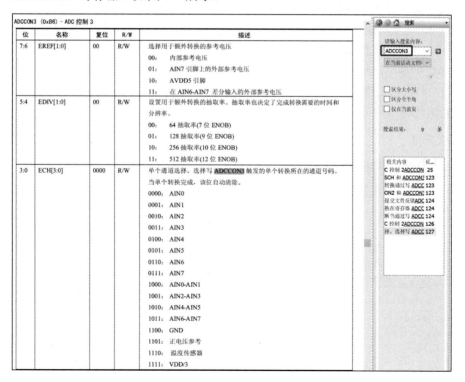

ADCCON2 (0xB5) - ADC 控制 2

位	名称	复位	R/W	描述
7:6	SREF[1:0]	00	R/W	选择参考电压用于序列转换 00: 内部参考电压 01: AIN7 引脚上的外部参考电压 10: AVDD5 引脚 11: AIN6 - AIN7 差分输入外部参考电压
5:4	SDIV[1:0]	01	R/W	为包含在转换序列内的通道设置抽取率。抽取率也决定完成转换需要的时间和分辨率。 00: 64 抽取率(7 位 ENOB) 01: 128 抽取率(9 位 ENOB) 10: 256 抽取率(10 位 ENOB) 11: 512 抽取率(12 位 ENOB)
3:0	SCH[3:0]	0000	R/W	序列通道选择。选择序列结束。一个序列可以是从 (SCH<=7) 通道的转换 AIN0 到 AIN7 或从 AIN0-AIN1 到 AIN6-AIN7 (8<=SCH<=11)。对于其他的设置,只能执行单个转换。 当读取的时候,这些位代表有转换进行的通道号。 0000: AIN0 0001: AIN1 0010: AIN2 0011: AIN3 0100: AIN4 0101: AIN5 0110: AIN6 0111: AIN7 1000: AIN0-AIN1 1001: AIN2-AIN3 1010: AIN4-AIN5 1011: AIN6-AIN7 1100: GND 1101: 正电压参考 1110: 温度传感器 1111: VDD/3

图 8-6 ADCCON2 寄存器

（5）ADCCON3 寄存器：如图 8-7 所示。

ADCCON3 (0xB6) - ADC 控制 3

位	名称	复位	R/W	描述
7:6	EREF[1:0]	00	R/W	选择用于额外转换的参考电压 00: 内部参考电压 01: AIN7 引脚上的外部参考电压 10: AVDD5 引脚 11: 在 AIN6-AIN7 差分输入的外部参考电压
5:4	EDIV[1:0]	00	R/W	设置用于额外转换的抽取率。抽取率也决定了完成转换需要的时间和分辨率。 00: 64 抽取率(7 位 ENOB) 01: 128 抽取率(9 位 ENOB) 10: 256 抽取率(10 位 ENOB) 11: 512 抽取率(12 位 ENOB)
3:0	ECH[3:0]	0000	R/W	单个通道选择。选择写 ADCCON3 触发的单个转换所在的通道号码。 当单个转换完成,该位自动清除。 0000: AIN0 0001: AIN1 0010: AIN2 0011: AIN3 0100: AIN4 0101: AIN5 0110: AIN6 0111: AIN7 1000: AIN0-AIN1 1001: AIN2-AIN3 1010: AIN4-AIN5 1011: AIN6-AIN7 1100: GND 1101: 正电压参考 1110: 温度传感器 1111: VDD/3

图 8-7 ADCCON3 寄存器

例如，启动一次 A/D 转换，参考电压选择 AVDD5 引脚电压，采用 256 的抽取率和 AIN3

输入，则代码如下：

$$ADCCON3 = (0x80 \mid 0x20 \mid 0x03);$$

或

$$ADCCON3 = 0Xa3$$

任务二　以查询方式进行单次 ADC 采样

【任务要求】

（1）设计看门狗初始化函数，设置为定时器模式，定时间隔为 1 s。

（2）串口 0（USART0）选择 UART 模式，波特率为 9 600 bit/s，I/O 引脚映射到备用位置 1。

（3）将光温传感模块插接到扩展接口上，信号输出至 AIN0。

（4）在主函数中，每隔 1 s 以查询方式对 AIN0 通道进行单次 ADC 采样。获得采样结果后，形成字符串"AIN0 的采样结果：xxxx"，通过串口发送到上位机。D5 灯（LED5）为采样指示灯，在每次 A/D 转换前点亮，完成结果发送后熄灭。

【视频教程】

以查询方式进行单次 ADC 采样的视频教程，请扫描二维码 8-2。

二维码 8-2

【任务准备】

（1）已经安装的 IAR 集成开发环境；

（2）CC2530 开发板（XMF09B）；

（3）SmartRF04EB 仿真器；

（4）XMF09B 电路原理图；

（5）CC2530 中文数据手册；

（6）光温传感模块 GM30（DS18B20）。

【任务实现】

步骤 1：绘制任务电路简图

根据 CC2530 电路图画出本任务电路简图，如图 8-8 所示。

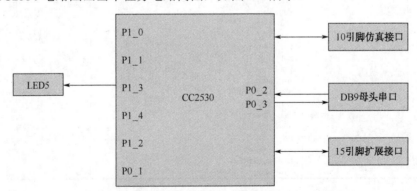

图 8-8　以查询方式进行单次 ADC 采样的电路简图

步骤 2：设置工程的基础环境

（1）新建文件夹，名称为"以查询方式进行单次 ADC 采样"。

（2）打开 IAR 软件，新建一个工作区。

（3）在工作区内，新建一个空的工程，保存到新建的文件夹中，工程名称为"以查询方式进行单次 ADC 采样 .ewp"。

（4）配置芯片型号为 Texas Instruments 公司的 CC2530F256.i51。

（5）配置仿真器。仿真器驱动程序设置为"Texas Instruments"。

（6）新建代码文件，保存代码文件为"以查询方式进行单次 ADC 采样.c"。

（7）将代码文件"以查询方式进行单次 ADC 采样.c"添加到工程中。

（8）编写基础代码。

```
#include "ioCC2530.h"

void main()
{
  while(1)
  {
  }
}
```

编译，保存工作区，名称为"以查询方式进行单次 ADC 采样工作区"。当编译出现"Done. 0 error(s), 0 warning(s)"时，说明工程基础环境设置正常。

步骤 3：宏定义 LED 灯

根据电路简图对 D5 灯（LED5）进行宏定义。

```
#define D5 P1_3
```

步骤 4：编写端口初始化函数

```
void Init_Port()
{
  //LED 灯引脚初始化
  P1SEL &= ~0x1B;        //将 P1_0、P1_1、P1_3 和 P1_4 设为通用 I/O 端口
  P1DIR |= 0x1B;         //将 P1_0、P1_1、P1_3 和 P1_4 设为输出方向
  P1 &= ~0x1B;           //将 P1_0、P1_1、P1_3 和 P1_4 设为输出低电平
}
```

步骤 5：编写系统时钟切换函数。在使用串口时，需要将系统时钟切换到 32 MHz。

```
void Set_Clock_32M()
{
  CLKCONCMD &= ~0x40;
  while(CLKCONSTA & 0x40);
  CLKCONCMD &= ~0x07;
}
```

步骤 6：编写串口 0 初始化函数

```
void Init_Uart0()
{
  //1-配置 I/O 引脚
  PERCFG &= ~0x01;
  P0SEL |= 0x0c;
  //2-设置波特率
  U0BAUD = 59;
  U0GCR = 8;
  //3-设置 UART 控制寄存器
  U0UCR |= 0x80;
  //4-设置串口的控制与状态寄存器
  U0CSR |= 0xC0;
}
```

步骤 7：编写串口 0 字节发送函数

```
void UR0_SendByte(unsigned char dat)
{
  U0DBUF = dat;                 //将待发送数据放进发送缓冲器
  while(UTX0IF == 0);           //等待发送就绪
  UTX0IF = 0;                   //清除发送标志位
}
```

步骤 8：编写串口 0 字符串发送函数

```
void UR0_SendString(unsigned char * str)
{
  while(*str != '\0')
  {
    UR0_SendByte(*str++);
  }
}
```

步骤 9：编写 ADC 初始化函数

主要对端口的功能进行选择，设置传输方向，并将端口设置为模拟输入。

```
void Init_ADC()
{
  APCFG |= 0x01;               //将 P0_0 设为模拟输入
}
```

步骤 10：编写看门狗定时器初始化函数

```
void Init_WDT()
{
  WDCTL = 0x0C;               //定时器模式，间隔 1 s
}
```

步骤 11：编写 ADC 采样与处理函数

单通道的 A/D 转换，只需将控制字写入 ADCCON3 寄存器。

```
void Start_ADC_Get_Value()
{
  D5 = 1;                          //点亮 D5 灯
  //启动一个单次转换，参考电压 3.3V，抽取率 512，通道 0
  ADCCON3 = (0x80|0x30|0x00);
  //等待 A/D 转换完成
  // while((ADCCON1 & 0x80) != 0x80);    //第一种方法
   while(ADCIF == 0);    //第二种方法
   ADCIF = 0;              //第二种方法
  //将采样结果读出，存放在 adc_value 中
  adc_value = ADCH;
  adc_value = (adc_value << 8) | ADCL;
  adc_value = adc_value >> 2;
  //将采样结果发送到上位机
  sprintf((char *)str,"AIN0 的采样结果是：%d\r\n",adc_value);
  UR0_SendString(str);
  D5 = 0;                         //熄灭 D5 灯
}
```

步骤 12：编写主函数

```
void main()
{
  Set_Clock_32M();           //系统时钟切换为 32 MHz
  Init_Uart0();              //串口 0 初始化
  Init_Port();               //端口初始化
  Init_ADC();                //ADC 初始化
  Init_WDT();                //看门狗定时器初始化
  while(1)
  {
    if(WDTIF == 1)           //1 s 间隔定时到
    {
      WDTIF = 0;
      Start_ADC_Get_Value();
    }
  }

}
```

步骤 13：仿真调试，ADC 数据采集。

按图 8-9 进行硬件连接，然后仿真调试，采样结果如图 8-10 所示。

图 8-9　硬件连接

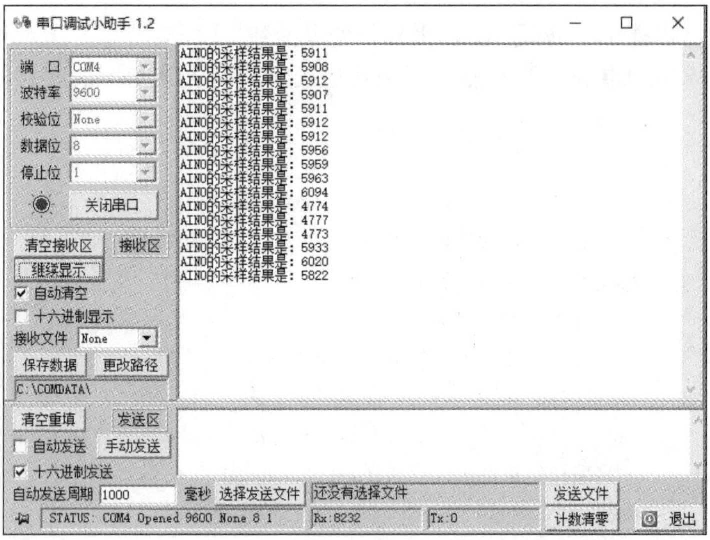

图 8-10　以查询方式进行单次 ADC 采样的结果

【任务代码】

```c
#include "ioCC2530.h"
#include "stdio.h"

#define D5 P1_3
unsigned int adc_value = 0;
unsigned char str[64];
/*******************************************************
函数名称：Init_Port()
功能：　端口初始化
*******************************************************/
void Init_Port()
{
  P1SEL &= ~0x1B;      //将 P1_0、P1_1、P1_3 和 P1_4 设为通用 I/O 端口
  P1DIR |= 0x1B;       //将 P1_0、P1_1、P1_3 和 P1_4 设为输出方向
  P1 &= ~0x1B;         //将 P1_0、P1_1、P1_3 和 P1_4 设为输出低电平
}
/*******************************************************
函数名称：Set_Clock_32M()
功能：系统时钟切换
*******************************************************/
void Set_Clock_32M()
{
  CLKCONCMD &= ~0x40;
  while(CLKCONSTA & 0x40);
  CLKCONCMD &= ~0x07;
}
```

```
/*******************************************************
函数名称：Init_Uart0()
功能： 串口0初始化函数
*******************************************************/
void Init_Uart0()
{
  //1-配置I/O引脚
  PERCFG &= ~0x01;
  POSEL  |= 0x0c;
  //2-设置波特率
  U0BAUD = 59;
  U0GCR = 8;
  //3-设置UART控制寄存器
  U0UCR |= 0x80;
  //4-设置串口的控制与状态寄存器
  U0CSR |= 0xC0;
}
/*******************************************************
函数名称：UR0_SendByte(unsigned char dat)
功能： 串口0字节发送函数
*******************************************************/
void UR0_SendByte(unsigned char dat)
{
  U0DBUF = dat;                 //将待发送数据放进发送缓冲器
  while(UTX0IF == 0);          //等待发送就绪
  UTX0IF = 0;                   //清除发送标志位
}
/*******************************************************
函数名称：UR0_SendString(unsigned char * str)
功能： 串口0字符串发送函数
*******************************************************/
void UR0_SendString(unsigned char * str)
{
  while(*str != '\0')
  {
    UR0_SendByte(*str++);
  }
}
/*******************************************************
函数名称：Init_ADC()
功能： ADC初始化函数
*******************************************************/
void Init_ADC()
```

```
{
  APCFG |= 0x01;              //将 P0_0 设为模拟输入
}
/***********************************************************
函数名称: Init_WDT()
功能:   看门狗定时器初始化函数
***********************************************************/
void Init_WDT()
{
  WDCTL = 0x0C;               //定时器模式, 间隔 1 s。0000 1100
}
/***********************************************************
函数名称: Start_ADC_Get_Value()
功能: ADC 采样与处理函数
***********************************************************/
void Start_ADC_Get_Value()
{
  D5 = 1;                     //点亮 D5 灯
  //启动一个单次转换, 参考电压 3.3V, 抽取率 512, 通道 0
  ADCCON3 = (0x80|0x30|0x00);
  //等待 A/D 转换完成
 // while((ADCCON1 & 0x80) != 0x80);   //第一种方法
   while(ADCIF == 0);    //第二种方法
   ADCIF = 0;            //第二种方法
  //将采样结果读出, 存放在 adc_value 中
  adc_value = ADCH;
  adc_value = (adc_value << 8) | ADCL;
  adc_value = adc_value >> 2;
  //将采样结果发送到上位机
  sprintf((char *)str,"AIN0 的采样结果是: %d\r\n",adc_value);
  UR0_SendString(str);
  D5 = 0;                     //熄灭 D5 灯
}
/***********************************************************
函数名称: main()
功 能: 程序的入口
***********************************************************/
void main()
{
  Set_Clock_32M();            //系统时钟切换为 32 MHz
  Init_Uart0();               //串口 0 初始化
  Init_Port();                //端口初始化
  Init_ADC();                 //ADC 初始化
```

```
    Init_WDT();                //看门狗定时器初始化
    while(1)
    {
      if(WDTIF == 1)           //1 s 间隔定时到
      {
        WDTIF = 0;
        Start_ADC_Get_Value();
      }
    }
}
```

任务三　以中断方式进行单次 ADC 采样

【任务要求】

（1）设计看门狗初始化函数，设置为定时器模式，定时间隔为 1 s。

（2）将光温传感模块插接到扩展接口上，信号输出至 AIN0。

（3）USART0 选择 UART 模式，波特率为 9 600 bit/s，I/O 引脚映射到备用位置 1。

（4）在主函数中，每隔 1 s 启动 1 次对 AIN0 通道的单次采样，点亮指示灯 D5（LED5）。

（5）在 ADC 中断服务函数中，读取转换结果，通过串口发送字符串"AIN0 的采样结果：xxxx"到上位机，关闭 D5 灯。

【视频教程】

以中断方式进行单次 ADC 采样的视频教程，请扫描二维码 8-3。

二维码 8-3

【任务准备】

（1）已经安装的 IAR 集成开发环境；

（2）CC2530 开发板（XMF09B）；

（3）SmartRF04EB 仿真器；

（4）XMF09B 电路原理图；

（5）CC2530 中文数据手册；

（6）光温传感模块 GM30（DS18B20）。

步骤 1：绘制任务电路简图

根据 CC2530 电路图画出本任务电路简图，如图 8-11 所示。

步骤 2：设置工程的基础环境

（1）新建文件夹，名称为"以中断方式进行单次 ADC 采样"。

（2）将本模块任务二的代码文件"以查询方式进行单次 ADC 采样.c"，复制到"以中断方式进行单次 ADC 采样"文件夹并重命名为"以中断方式进行单次 ADC 采样.c"。

（3）在工作区内，新建一个空的工程，并保存到新建的文件夹中，工程名称为"以中断方式进行单次 ADC 采样.ewp"。

（4）配置芯片型号为 Texas Instruments 公司的 CC2530F256.i51。

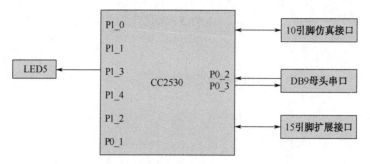

图 8-11 以中断方式进行单次 ADC 采样的电路简图

（5）配置仿真器。仿真器驱动程序设置为"Texas Instruments"。

（6）将代码文件"以中断方式进行单次 ADC 采样.c"添加到工程中。

（7）编译，保存工作区，名称为"中断方式进行单次 ADC 采样工作区"。当编译出现"Done. 0 error(s), 0 warning(s)"时，说明工程基础环境设置正常。

步骤 3：修改"以中断方式进行单次 ADC 采样.c"文件

（1）头文件、宏定义 D5 灯、变量定义、端口初始化函数、系统时钟切换函数、串口初始化函数、字节发送函数、字符串发送函数与本模块任务二保持不变。

步骤 4：重写 ADC 初始化函数

采用中断方式需要使能 ADC，所以重写 ADC 初始化函数。

```
void Init_ADC()
{
    APCFG |= 0x01;              //将 P0_0 设为模拟输入
    ADCIE = 1;                  //使能 ADC 中断
    EA = 1;                     //打开总中断
}
```

步骤 5：编写 ADC 中断服务函数

```
#pragma vector = ADC_VECTOR
__interrupt void Service_ADC()
{
    //将采样结果读出，存放在 adc_value 中
    adc_value = ADCH;
    adc_value = (adc_value << 8) | ADCL;
    adc_value = adc_value >> 2;
    //将采样结果发送到上位机
    sprintf((char *)str,"AIN0 的采样结果是：%d\r\n",adc_value);
    UR0_SendString(str);
    D5 = 0;                     //熄灭 D5 灯
}
```

步骤 6：编写主函数

```
void main()
{
    Set_Clock_32M();            //系统时钟切换为 32 MHz
```

```
    Init_Uart0();              //串口 0 初始化
    Init_Port();               //端口初始化
    Init_ADC();                //ADC 初始化
    Init_WDT();                //看门狗定时器初始化
    while(1)
    {
      if(WDTIF == 1)           //1 s 间隔定时到
      {
        WDTIF = 0;
        D5 = 1;                //点亮 D5 灯
        //启动一个单次转换，参考电压 3.3V，抽取率 512，通道 0
        ADCCON3 = (0x80|0x30|0x00);
      }
    }
}
```

步骤 7：仿真调试

（1）编译，下载到开发板，单击"GO"按钮运行。开发板硬件连接参见图 8-9。

（2）打开串口调试助手，结果与"以查询方式进行单次 ADC 采样"相同，可参考图 8-10。

【任务代码】

```
#include "ioCC2530.h"
#include "stdio.h"

#define D5 P1_3

unsigned int adc_value = 0;
unsigned char str[64];
/**********************************************
函数名称：Init_Port()
功  能：通用 I/O 端口初始化函数
**********************************************/
void Init_Port()
{
  P1SEL &= ~0x1B;       //将 P1_0、P1_1、P1_3 和 P1_4 设为通用 I/O 端口
  P1DIR |= 0x1B;        //将 P1_0、P1_1、P1_3 和 P1_4 设为输出方向
  P1 &= ~0x1B;          //将 P1_0、P1_1、P1_3 和 P1_4 设为输出低电平
}
/**********************************************
函数名称：Set_Clock_32M()
函数功能：系统时钟切换
**********************************************/
void Set_Clock_32M()
{
```

```
    CLKCONCMD &= ~0x40;
    while(CLKCONSTA & 0x40);
    CLKCONCMD &= ~0x07;
}
/*******************************************************
函数名称：Init_Uart0()
功  能：通用 I/O 端口初始化函数
********************************************************/
void Init_Uart0()
{
    //1-配置 I/O 引脚
    PERCFG &= ~0x01;
    P0SEL |= 0x0c;
    //2-设置波特率
    U0BAUD = 59;
    U0GCR = 8;
    //3-设置 UART 控制寄存器
    U0UCR |= 0x80;
    //4-设置串口的控制与状态寄存器
    U0CSR |= 0xC0;
}
/*******************************************************
函数名称：UR0_SendByte(unsigned char dat)
功  能：串口 0 字节发送函数
********************************************************/
void UR0_SendByte(unsigned char dat)
{
    U0DBUF = dat;                //将待发送数据放进发送缓冲器
    while(UTX0IF == 0);          //等待发送就绪
    UTX0IF = 0;                  //清除发送标志位
}
/*******************************************************
函数名称：UR0_SendString(unsigned char * str)
功  能：串口 0 字符串发送函数
********************************************************/

void UR0_SendString(unsigned char * str)
{
    while(*str != '\0')
    {
        UR0_SendByte(*str++);
    }
}
```

```
/*********************************************************
函数名称：Init_ADC()
功  能：ADC 初始化函数
*********************************************************/
void Init_ADC()
{
    APCFG |= 0x01;              //将 P0_0 设为模拟输入
    ADCIE = 1;                  //使能 ADC 中断
    EA = 1;                     //打开总中断
}

/*********************************************************
函数名称：Service_ADC()
功  能： ADC 中断服务函数
*********************************************************/
#pragma vector = ADC_VECTOR
__interrupt void Service_ADC()
{
    //将采样结果读出，存放在 adc_value 中
    adc_value = ADCH;
    adc_value = (adc_value << 8) | ADCL;
    adc_value = adc_value >> 2;
    //将采样结果发送到上位机
    sprintf((char *)str,"AIN0 的采样结果是：%d\r\n",adc_value);
    UR0_SendString(str);
    D5 = 0;                     //熄灭 D5 灯
}

/*********************************************************
函数名称：Init_WDT()
功  能：看门狗初始化函数
*********************************************************/
void Init_WDT()
{
    WDCTL = 0x0C;              //定时器模式，间隔 1 s
}

/*********************************************************
函数名称：main()
功  能：程序的入口
*********************************************************/
void main()
{
    Set_Clock_32M();           //系统时钟切换为 32 MHz
    Init_Uart0();              //串口 0 初始化
    Init_Port();               //端口初始化
    Init_ADC();                //ADC 初始化
    Init_WDT();                //看门狗定时器初始化
```

```
    while(1)
    {
      if(WDTIF == 1)              //1 s 间隔定时到
      {
        WDTIF = 0;
        D5 = 1;                   //点亮 D5 灯
        //启动一个单次转换，参考电压 3.3V，抽取率 512，通道 0
        ADCCON3 = (0x80|0x30|0x00);
      }
    }
  }
```

任务四　ADC 采样电压的数据换算

【任务要求】

（1）USART0 选为 UART 模式，波特率为 9 600 bit/s，I/O 引脚映射到备用位置 1。

（2）设计看门狗初始化函数，设置为定时器模式，定时间隔为 1 s。

（3）将光温传感模块插接到扩展接口上，信号输出至 AIN0。

（4）在主函数中，每隔 1 s 以查询方式对 AIN0 通道进行单次采样，取 10 位有效数据换算成电压值，保留 2 位小数，通过串口发送字符串"AIN0 的采样结果：xxxx，电压值：x.xx V"到上位机。D5 灯（LED5）作为采样指示灯。

【视频教程】

本任务的视频教程，请扫描二维码 8-4。

二维码 8-4

【任务准备】

（1）已经安装的 IAR 集成开发环境；

（2）CC2530 开发板（XMF09B）；

（3）SmartRF04EB 仿真器；

（4）XMF09B 电路原理图；

（5）CC2530 中文数据手册；

（6）光温传感模块 GM30（DS18B20）。

【任务实现】

步骤 1：从采样结果到电压值的换算

从采样结果中取出有效的数据位进行电压值的换算。采样结果以补码的形式放在 ADCH 和 ADCL 这两个寄存器内。

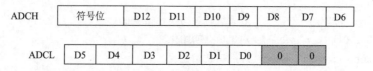

ADCH	符号位	D12	D11	D10	D9	D8	D7	D6

ADCL	D5	D4	D3	D2	D1	D0	0	0

（1）将 ADCH 和 ADCL 两个 8 位寄存器内的数据组成一个 16 位的数据。

$$abc\_value = ADCH;$$

将 abc_value 值左移 8 位，空出低 8 位，将 ADCL 寄存器的内容放进来。

$$(abc\_value << 8) \mid ADCL;$$

符号位	D12	D11	D10	D9	D8	D7	D6	D5	D4	D3	D2	D1	D0	0	0

这样，就组成了一个 16 位的数据，将其重新赋值给 abc_value，形成一个新的采样结果。

$$abc\_value = (abc\_value << 8) \mid ADCL;$$

该采样结果的最高位是符号位。单端配置的采样没有负数，其数值就是本身。本任务要求取 10 位有效数据位进行换算，除符号位外，从高到低取，通过右移来实现。具体右移多少位，根据有效数据位确定。例如，若取 12 位，则右移 3 位。

$$abc\_value = abc\_value >> 5;$$

0	0	0	0	0	符号位	D12	D11	D10	D9	D8	D7	D6	D5	D4	D3

（2）参考电压。如果参考电压为 3.3 V，就将 3.3 V 分成有效数据的次方，8 位有效位就是 8 次方，10 位有效数据数字就是 10 次方，12 位有效数字就是 12 次方。

以分成 10 次方为例：将 3.3 V 分成 1024-1 个单位，每个单位就是电压的分辨率，而 ADC 采样的结果就是这个单位的倍数。用参考电压除以 1023（10 位有效位）得到电压分辨率，即将参考电压分成了 1023 个单位，再乘以采样到的模拟电压 abc_value，就得到了采样结果对应的具体电压值。

$$abc\_volt = (3.3 /1023) * abc\_value;$$

步骤 2：设置工程的基础环境

（1）新建文件夹，名称为"ADC 采样电压的数据换算"。

（2）将本模块任务二的代码文件"以查询方式进行单次 ADC 采样.c"，复制到"ADC 采样电压的数据换算"文件夹，并重命名为"ADC 采样电压的数据换算.c"。

（3）打开 IAR 软件，新建一个工作区。

（4）在工作区内新建一个空的工程，并保存到新建的文件夹中，工程名称为"ADC 采样电压的数据换算.ewp"。

（5）配置芯片型号为 Texas Instruments 公司的 CC2530F256.i51。

（6）配置仿真器。仿真器驱动程序设置为"Texas Instruments"。

（7）将代码文件"ADC 采样电压的数据换算.c"添加到工程中。

（8）编译，保存工作区，名称为"ADC 采样电压的数据换算工作区"。当编译出现"Done. 0 error(s), 0 warning(s)"时，说明工程基础环境设置正常。

步骤 3：修改"ADC 采样电压的数据换算.c"文件

（1）修改变量定义。

```
#include "ioCC2530.h"
#include "stdio.h"

#define D5 P1_3
unsigned int adc_value = 0;
```

```
    float adc_volt = 0;                    //浮点型的电压值
    unsigned char *str;
```

（2）端口初始化函数、系统时钟切换函数、串口初始化函数、字节发送函数、字符串发送函数、ADC 初始化函数、看门狗定时器初始化函数与本模块任务二相同。

（3）重写 ADC 采样与处理函数

```
void Start_ADC_Get_Value()
{
    D5 = 1;                            //点亮 D5 灯
    //启动一个单次转换，参考电压 3.3V，抽取率 512，通道 0
    ADCCON3 = (0x80|0x30|0x00);
    //等待 A/D 转换完成
    while((ADCCON1 & 0x80) != 0x80);
    //将采样结果读出，存放在 adc_value 中，取 10 位有效数据
    adc_value = ADCH;
    adc_value = (adc_value<<8) | ADCL;
    adc_value = adc_value >> 5;
    //将采样结果换算成对应的电压值
    adc_volt = (3.3 / 1023) * adc_value;
    //将采样结果和电压值发送到上位机
    sprintf((char *)str, "AIN0 的采样结果：%d, 电压值：%.2f V\r\n",adc_value,adc_volt);
    UR0_SendString(str);
    D5 = 0;                            //熄灭 D5 灯
}
```

（4）重写主函数

```
void main()
{
    Set_Clock_32M();              //系统时钟切换为 32 MHz
    Init_Port();                  //端口初始化
    Init_Uart0();                 //串口 0 初始化
    Init_ADC();                   //ADC 初始化
    Init_WDT();                   //看门狗定时器初始化
    while(1)
    {
        if(WDTIF == 1)            //1 s 间隔定时到
        {
            WDTIF = 0;
            Start_ADC_Get_Value();
        }
    }
}
```

步骤 4：仿真调试

（1）编译，下载到开发板，单击"GO"按钮运行。

（2）打开串口调试助手，结果如图 8-12 所示。

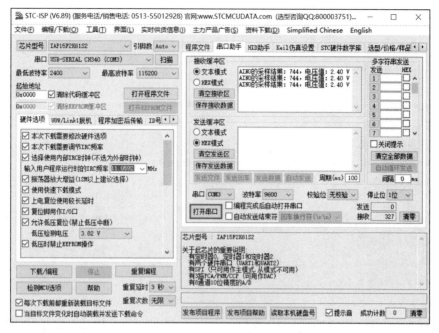

图 8-12　ADC 采样电压的数据换算结果

【任务代码】

```
#include "ioCC2530.h"
#include "stdio.h"

#define D5 P1_3
unsigned int adc_value = 0;
float adc_volt = 0;

unsigned char *str;
/*****************************************************
函数名称：Init_Port()
功 能：通用 I/O 端口初始化函数
*****************************************************/
void Init_Port()
{
  P1SEL &= ~0x1B;        //将 P1_0、P1_1、P1_3 和 P1_4 设为通用 I/O 端口
  P1DIR |= 0x1B;         //将 P1_0、P1_1、P1_3 和 P1_4 设为输出方向
  P1 &= ~0x1B;           //将 P1_0、P1_1、P1_3 和 P1_4 设为输出低电平
}
/*****************************************************
函数名称：Set_Clock_32M()
功 能：系统时钟切换
*****************************************************/
```

```c
void Set_Clock_32M()
{
  CLKCONCMD &= ~0x40;
  while(CLKCONSTA & 0x40);
  CLKCONCMD &= ~0x07;
}
/*********************************************************
函数名称：Init_Uart0()
功  能：通用 I/O 端口初始化函数
*********************************************************/
void Init_Uart0()
{
  //1-配置 I/O 引脚
  PERCFG &= ~0x01;
  POSEL |= 0x0c;
  //2-设置波特率
  U0BAUD = 59;
  U0GCR = 8;
  //3-设置 UART 控制寄存器
  U0UCR |= 0x80;
  //4-设置串口的控制与状态寄存器
  U0CSR |= 0xC0;
}
/*********************************************************
函数名称：UR0_SendByte(unsigned char dat)
功  能：串口 0 字节发送函数
*********************************************************/
void UR0_SendByte(unsigned char dat)
{
  U0DBUF = dat;                //将待发送数据放进发送缓冲器
  while(UTX0IF == 0);          //等待发送就绪
  UTX0IF = 0;                  //清除发送标志位
}
/*********************************************************
函数名称：UR0_SendString(unsigned char *str)
功  能：串口 0 字符串函数
*********************************************************/
void UR0_SendString(unsigned char * str)
{
  while(*str != '\0')
  {
    UR0_SendByte(*str++);
  }
```

```
}
/*********************************************************
函数名称：Init_ADC()
功  能：ADC 初始化函数
*********************************************************/
void Init_ADC()
{
    APCFG |= 0x01;                //将 P0_0 设为模拟输入
}
/*********************************************************
函数名称：Init_WDT()
功  能：看门狗初始化函数
*********************************************************/
void Init_WDT()
{
    WDCTL = 0x0C;                //定时器模式，间隔 1 s
}
/*********************************************************
函数名称：Start_ADC_Get_Value()
功  能：ADC 采样与处理函数
*********************************************************/
void Start_ADC_Get_Value()
{
    D5 = 1;                      //点亮 D5 灯
    //启动一个单次转换，参考电压 3.3V，抽取率 512，通道 0
    ADCCON3 = (0x80|0x30|0x00);
    //等待 A/D 转换完成
    while((ADCCON1 & 0x80) != 0x80);
    //将采样结果读出，存放在 adc_value 中，取 10 位有效数据
    adc_value = ADCH;
    adc_value = (adc_value<<8) | ADCL;
    adc_value = adc_value >> 5;
    //将采样结果换算成对应的电压值
    adc_volt = (3.3 / 1023) * adc_value;
    //将采样结果和电压值发送到上位机
    sprintf((char *)str, "AIN0 的采样结果：%d，电压值：%.2f V\r\n", adc_value, adc_volt);
    UR0_SendString(str);
    D5 = 0;                      //熄灭 D5 灯
}
/*********************************************************
函数名称：main()
功  能：程序的入口
*********************************************************/
```

```
void main()
{
  Set_Clock_32M();          //系统时钟切换为 32 MHz
  Init_Port();              //端口初始化
  Init_Uart0();             //串口 0 初始化
  Init_ADC();               //ADC 初始化
  Init_WDT();               //看门狗定时器初始化
  while(1)
  {
    if(WDTIF == 1)          //1 s 间隔定时到
    {
      WDTIF = 0;
      Start_ADC_Get_Value();
    }
  }
}
```

任务五　光照电压自动控制灯光开关

【任务要求】

（1）将光温传感模块插接到扩展接口上，信号输出至 AIN0。

（2）在主函数中，以查询方式采样一次 AIN0 通道，取 10 位有效数据换算成电压，保留 2 位小数，并根据光照电压自动控制灯光开关，要求如下：当光照电压<1.5 V 时，自动点亮 D5 灯和 D6 灯；当 1.5 V≤光照电压 < 2.0 V 时，自动点亮 D5 灯，关闭 D6 灯；当光照电压≥2.0 V 时，自动关闭 D5 灯和 D6 灯。

【视频教程】

本任务的视频教程，请扫描二维码 8-5。

【任务准备】

（1）已经安装的 IAR 集成开发环境；

（2）CC2530 开发板（XMF09B）；

（3）SmartRF04EB 仿真器；

（4）XMF09B 电路原理图；

（5）CC2530 中文数据手册；

（6）光温传感模块 GM30（DS18B20）。

二维码 8-5

【任务实现】

步骤 1：设置工程的基础环境

（1）新建文件夹，名称为"光照电压自动控制灯光开关"；

（2）将本模块任务四的代码文件"ADC 采样电压的数据换算.c"，复制到"光照电压自动控制灯光开关"文件夹，并重命名为"光照电压自动控制灯光开关.c"；

（3）在工作区内新建工程，并保存到新建的文件夹中，工程名称为"光照电压自动控制灯光开关.ewp"；

（4）配置芯片型号为 Texas Instruments 公司的 CC2530F256.i51；

（5）配置仿真器，仿真器驱动程序设置为"Texas Instruments"；

（6）将代码文件"光照电压自动控制灯光开关.c"添加到工程中。

（7）编译，保存工作区，名称为"光照电压自动控制灯光开关工作区"。若编译后出现"Done. 0 error(s), 0 warning(s)"，说明工程基础环境设置正常。

步骤 **2**：修改"光照电压自动控制灯光开关**.c**"文件

（1）修改变量定义。

```
#include "ioCC2530.h"


#define D5 P1_3
#define D6 P1_4
unsigned int adc_value = 0;
float adc_volt = 0;        //浮点型的电压值
```

（2）端口初始化函数、串口初始化、ADC 初始化函数与本模块任务三相同。

（3）ADC 采样并控制灯光函数。

```
void Start_ADC_Control_LED()
{
  //启动一个单次转换，参考电压 3.3 V，抽取率 512，通道 0
  ADCCON3 = (0x80|0x30|0x00);
  //等待 A/D 转换完成
  while((ADCCON1 & 0x80) != 0x80);
  //将采样结果读出，存放在 adc_value 中
  adc_value = ADCH;
  adc_value = (adc_value << 8)|ADCL;
  adc_value = adc_value >> 5;
  //将采样结果换算成对应的电压值
  adc_volt = (3.3 / 1023) * adc_value;
  //根据当前采样电压值控制灯光开关
  if(adc_volt < 1.5)            //若电压<1.5 V，则 D5 灯亮，D6 灯亮
  {
    D5 = 1;
    D6 = 1;
  }
  else if(adc_volt < 2.0)       //若 1.5 V≤电压<2.0 V，则 D5 灯亮，D6 灯灭
  {
    D5 = 1;
    D6 = 0;
  }
  else                          //若电压≥2.0 V，则 D5 灯灭，D6 灯灭
  {
    D5 = 0;
```

```
        D6 = 0;
    }
}
```

（4）重写主函数

```
void main()
{
    Init_Port();              //端口初始化
    Init_ADC();               //ADC 初始化
    while(1)
    {
        Start_ADC_Control_LED();    //循环采样电压值并控制灯光变化
    }
}
```

步骤 3：仿真调试

（1）编译，下载到开发板，单击"GO"按钮运行。

（2）用手遮盖光温传感器，改变光温传感模块 GM30 的值，能看到 D5、D6 灯的变化。

【任务代码】

```
#include "ioCC2530.h"

#define D5 P1_3
#define D6 P1_4

unsigned int adc_value = 0;
float adc_volt = 0;
/***************************************************
函数名称：Init_Port()
功  能：串口初始化函数
****************************************************/
void Init_Port()
{
    P1SEL &= ~0x1B;      //将 P1_0、P1_1、P1_3 和 P1_4 设为通用 I/O 端口
    P1DIR |= 0x1B;       //将 P1_0、P1_1、P1_3 和 P1_4 设为输出方向
    P1 &= ~0x1B;         //将 P1_0、P1_1、P1_3 和 P1_4 设为输出低电平
}
/***************************************************
函数名称：Init_ADC()
功  能：ADC 初始化函数
****************************************************/
void Init_ADC()
{
    APCFG |= 0x01;              //将 P0_0 设为模拟输入
}
```

```
/***********************************************************
函数名称：Start_ADC_Control_LED()
功 能：ADC 采样并控制灯光函数
***********************************************************/
void Start_ADC_Control_LED()
{
    //启动一个单次转换，参考电压 3.3 V，抽取率 512，通道 0
    ADCCON3 = (0x80|0x30|0x00);
    //等待 A/D 转换完成
    while((ADCCON1 & 0x80) != 0x80);
    //将采样结果读出，存放在 adc_value 中
    adc_value = ADCH;
    adc_value = (adc_value << 8)|ADCL;
    adc_value = adc_value >> 5;
    //将采样结果换算成对应的电压值
    adc_volt = (3.3 / 1023) * adc_value;
    //根据当前采样电压值控制灯光开关
    if(adc_volt < 1.5)             //若电压<1.5 V，则 D5 灯亮，D6 灯亮
    {
        D5 = 1;
        D6 = 1;
    }
    else if(adc_volt < 2.0)        //若 1.5 V≤电压<2.0 V，则 D5 灯亮，D6 灯灭
    {
        D5 = 1;
        D6 = 0;
    }
    else                           //若电压≥2.0 V，则 D5 灯灭，D6 灯灭
    {
        D5 = 0;
        D6 = 0;
    }
}
/***********************************************************
函数名称：main()
功 能：程序的入口
***********************************************************/
void main()
{
    Init_Port();              //端口初始化
    Init_ADC();               //ADC 初始化
    while(1)
    {
        Start_ADC_Control_LED();   //循环采样电压值并控制灯光变化
    }
}
```

习　题

一、单项选择题

1. 某传感器输出信号电压为 1 650 mV，已知系统供电电压为 3.3 V，A/D 转换精度为 7 位，则 A/D 转换结果应为（　　）。

    A. 64　　　　　　　　B. 127　　　　　　　　C. 256　　　　　　　　D. 1

2. 一个 10 位的 A/D 转换器，如果其相对误差为 1LSB，在 3.3 V 供电电压下，其相对误差为（　　）。

    A. 12.9 mV　　　　　B. 6.4 mV　　　　　　C. 3.2 mV　　　　　　D. 1.6 mV

3. 已知一个 8 位 A/D 转换器的某次转换结果为 98，系统供电电压为 3.3 V，则此次系统检测到的电压值大概为（　　）。

    A. 1 V　　　　　　　B. 1.26 V　　　　　　C.2.67 V　　　　　　　D. 3.3 V

4. 在 CC2530 的单个 A/D 转换中，通过写入（　　）寄存器可以触发一个转换。

    A. ADCCON1　　　　　　　　　　　B. ADCCON2

    C. ADCCON3　　　　　　　　　　　D. ADCCON4

5. 在 CC2530 中，对于 ADC 控制寄存器说法正确的（　　）。

    A. ADCCON1 不能表示转换状态　　　B. ADCCON2 用于单端转换控制

    C. ADCCON3 用于序列转换控制

    D. ADCCON3 |= 0x0E 表示使用片内温度传感器

6. 在 CC2530 中，如果采用单通道 A/D 转换，以下说法正确的是（　　）。

    A. 可以不指定参考电压　　　B. 可以不指定抽取率

    C. 可以不指定输入口　　　　D. ADCCON3 一旦写入控制字，就会启动转换

7. 在 CC2530 的 A/D 转换中，说法正确的是（　　）。

    A. A/D 转换结果直接通过 DMA 传送到存储器，不需要 CPU 参与

    B. 单通道转换通过写 ADCCON2 触发

    C. 转换结果是存放在一个 16 位寄存器中

    D. 以上均不正确

8. 将时间上连续变化的模拟量转化为数字量的过程就叫作（　　）。

    A. 信息化　　　　　B. 智能化　　　　　C. 数字化　　　　　D. 自动化

9. 在嵌入式系统中，实现模拟信号到数字信号转换的关键设备是（　　）。

    A. DAC　　　　　　B. ADC　　　　　　C. DCA　　　　　　D. ACD

10. 使用 8 位的 ADC 可以有（　　）个量化值。

    A. 8　　　　　　　　B. 128　　　　　　　C. 256　　　　　　　D. 512

11. 使用 10 位的 ADC 可以有（　　）个量化值。

    A. 256　　　　　　　B. 1000　　　　　　C. 512　　　　　　　D. 1024

12. 若参考电压为 3.3 V，则 10 位 ADC 的分辨率为（　　）。

    A. 0.33 mV　　　　　B. 0.33 V　　　　　　C. 3.226 mV　　　　　D. 3.226 V

13. 一个 10 位的 ADC，若参考电压为 5 V，其分辨率为（　　）。

    A. 19.6 mV　　　　　B. 4.89 mV　　　　　C. 19.6V　　　　　　D. 4.89 V

14. 微处理器中 A/D 转换过程正确的是（　　）。

  A. 采样—保持—编码—量化   B. 采样—保持—量化—编码

  C. 编码—采样—量化—保持   D. 量化—采样—保持—编码

15. CC2530 的 ADC 具有多达（　　）位的 ENOB（数据有效位）。

  A. 8   B. 10   C. 12   D. 14

16. 一个 12 位的 ADC，若参考电压为 5 V，当输入模拟量为 2 V 时，则出输出数字量为（　　）。

  A. 102   B. 103   C. 1638   D. 1670

17. 一个 10 位的 ADC，若参考电压为 3.3 V，输出数字量为 725，则输入电压为（　　）。

  A. 1.25 V   B. 2.34 V   C. 3.24 V   D. 7.25 V

18. 在 CC2530 中，选择 AVDD5 引脚电压作为参考电压，以 256 的抽取率对 AIN6 通道进行一次 A/D 转换，正确的 C 语言代码是（　　）。

  A. ADCCON3 = (0x80 | 0x20 | 0x06); B. ADCCON3 = (0x80 | 0x20 | 0x60);

  C. ADCCON3 = (0x80 ; 0x20 ; 0x06); D. ADCCON3 = (0x80 ; 0x20 ; 0x60);

19. 在 CC2530 中，选择 AVDD5 引脚电压作为参考电压，以 512 的抽取率对 AIN3 通道进行一次 A/D 转换，正确的 C 语言代码是（　　）。

  A. ADCCON1 = (0x80 | 0x30 | 0x03); B. ADCCON2 = (0x80 | 0x30 | 0x03);

  C. ADCCON3 = (0x80 | 0x30 | 0x03); D. ADCCON4 = (0x80 | 0x30 | 0x03);

20. 在 CC2530 中，如果采用单通道 A/D 转换，以下说法正确的是（　　）。

  A. 不需要指定参考电压   B. 不需要指定抽取率

  C. 不需要指定转换通道号

  D. 单个转换在寄存器 ADCCON3 写入后立即发生

二、多项选择题

1. CC2530 中，关于 A/D 转换说法正确的是（　　）。

  A. P0 端口组可配置 8 路单端输入 B. P0 端口组可以配置 4 对差分输入

  C. 片上温度传感器的输出不能作为 ADC 输入

  D. TR0 寄存器用来连接片上温度传感器

2. 以下 CC2530 的 ADC 模块主要特征中哪几项是正确的？（　　）

  A. 可选的抽取率，可设置分辨率（7 到 12 位）

  B. 8 个独立的输入通道，可接收单端信号

  C. 参考电压可选为内部单端、外部单端、外部差分或 AVDD5

  D. 转换结束时产生中断请求

3. 下列选项中，哪个不是 ADC 的控制寄存器？（　　）

  A. ADCCON8   B. ADCCON0   C. ADCCON5   D. ADCCON3

4. ADC 运行模式和初始化转换由哪三个寄存器来控制？（　　）

  A. ADCCON1   B. ADCCON3   C. ADCCON2   D. ADCCOM2

5. ADC 的三个控制寄存器是（　　）。

  A. ADCCON0   B. ADCCON1   C. ADCCON2   D. ADCCON4

模块九　综合案例

任务一　按键控制流水灯

【任务要求】

（1）程序开始运行时，LED 灯 D4、D3、D6、D5 全亮一会儿，再全熄灭一会儿，然后开始进入流水灯运行状态。

（2）流水灯的运行过程为：D4 灯亮，其余熄灭；过一会儿，D3 灯亮，其余熄灭；再过一会儿，D6 灯亮，其余熄灭；又过一会儿，D5 灯亮，其余熄灭……如此反复运行流水灯。

（3）按下 SW1 按键并松开后，流水灯暂停并保留当前状态；再一次 SW1 按键并松开后，从当前状态保留处继续运行流水灯。在按下 SW1 按键时，不能打断流水灯的运行。

【参考源码】

```c
#include "ioCC2530.h"

#define D3  P1_0
#define D4  P1_1
#define D5  P1_3
#define D6  P1_4
#define SW1 P1_2

unsigned char F_LED = 0;    //流水灯运行标志
unsigned int count = 0;     //时间片计数
/*****************************************************************
函数名称：Delay()
功能：简单延时
*****************************************************************/
void Delay(unsigned int t)
{
  while(t--);
}
/*****************************************************************
函数名称：Init_Port()
功能：端口初始化
*****************************************************************/
void Init_Port()
{
    P1SEL &= ~0x1b;         //将 P1_0、P1_1、P1_3、P1_4 设置为通用 I/0 端口
    P1DIR |= 0x1b;          //将 P1_0、P1_1、P1_3、P1_4 设置为输出方向
    P1 &= ~0x1b;            //关闭 4 个 LED 灯
```

```
    P1SEL &= ~0x04;              //将 P1_2 设置为通用 I/O 端口
    P1DIR &= ~0x04;              //将 P1_2 设置为输入方向
    P1INP &= ~0x04;              //将 P1_2 设置为上拉/下拉
    P2INP &= ~0x40;              //将 P1_2 设置为上拉
}
/***************************************************************
函数名称：LED_Running()
功能：控制流水灯
***************************************************************/
void LED_Running()
{
    Delay(100);                  //定义时间片
    if(F_LED == 1)               //如果处于运行状态, 则累加时间片
    {
        count++;
    }
    if(count < 1000)             //根据时间进行流水变换
    {
        D4 = 1;D3 = 0;D6 = 0;D5 = 0;
    }
    else if(count < 2000)
    {
        D4 = 0;D3 = 1; D6 = 0;D5 = 0;
    }
    else if(count < 3000)
    {
        D4 = 0;D3 = 0;D6 = 1;D5 = 0;
    }
    else if(count < 4000)
    {
        D4 = 0;D3 = 0;D6 = 0; D5 = 1;
    }
    else
    {
        count = 0;                //流水周期结束, 时间片计数清零
    }
}
/***************************************************************
函数名称：Scan_Keys()
功能：扫描按键
***************************************************************/
void Scan_Keys()
{
    if(SW1 == 0)                 //发现有 SW1 按键信号
    {
        Delay(100);              //延时片刻, 去抖动处理
```

```
    if(SW1 == 0)              //确认为SW1按键信号
    {
      while(SW1 == 0)
      {
        LED_Running();        //在按键按下时，不打断流水灯运行
      }
      if(F_LED == 0)
      {
        F_LED = 1;            //流水灯运行标志
      }
      else if(F_LED == 1)
      {
        F_LED = 0;            //流水灯暂停标志
      }
    }
  }
}
/**************************************************************
函数名称：main()
功能：程序的入口
**************************************************************/
void main()
{
  Init_Port();               //端口初始化
  D4 = 1;                    //全亮
  D3 = 1;
  D6 = 1;
  D5 = 1;
  Delay(60000);
  Delay(60000);
  D4 = 0;                    //全灭
  D3 = 0;
  D6 = 0;
  D5 = 0;
  Delay(60000);
  Delay(60000);
  F_LED = 1;                 //开启流水灯运行
  while(1)
  {
    Scan_Keys();             //按键扫描
    LED_Running();           //流水灯运行
  }
}
```

任务二　按键控制灯光状态变换

【任务要求】

（1）程序开始运行：D4 灯闪烁，D3、D5、D6 灯熄灭。

（2）按下模块上的 SW1 按键并松开后，实现 D5、D6 灯轮流闪烁。

（3）再次按下 SW1 按键，D5、D6 灯灭。

（4）重复上述（2）和（3）。

【参考源码】

```c
#include "ioCC2530.h"
#define D3  P1_0
#define D4  P1_1
#define D5  P1_3
#define D6  P1_4
#define SW1 P1_2
unsigned char stat = 0;    //灯光状态标志
/*************************************************************
函数名称：Delay()
功能：简单延时
*************************************************************/
void Delay(unsigned int t)
{
  while(t--);
}
/*************************************************************
函数名称：Init_Port()
功能：端口初始化
*************************************************************/
void Init_Port()
{
  P1SEL &= ~0x1b;        //将 P1_0、P1_1、P1_3、P1_4 设置为通用 I/O 端口
  P1DIR |= 0x1b;         //将 P1_0、P1_1、P1_3、P1_4 设置为输出方向
  P1 &= ~0x1b;           //关闭 4 个 LED 灯

  P1SEL &= ~0x04;        //将 P1_2 设置为通用 I/O 端口
  P1DIR &= ~0x04;        //将 P1_2 设置为输入方向
  P1INP &= ~0x04;        //将 P1_2 设置为上拉/下拉
  P2INP &= ~0x40;        //将 P1_2 设置为上拉
}
/*************************************************************
函数名称：D4_Flicker()
功能：D4 灯闪烁
*************************************************************/
void D4_Flicker()
```

```
    {
      D4 = 1;
      Delay(60000);
      D4 = 0;
      Delay(60000);
    }
```
/**

函数名称: D5D6_Flicker()

功能: D5 和 D6 灯闪烁

***/

```
void D5D6_Flicker()
{
    D3 = 0;
    D4 = 0;
    D5 = 1;
    Delay(60000);
    D5 = 0;
    Delay(60000);
    D6 = 1;
    Delay(60000);
    D6 = 0;
    Delay(60000);
}
```
/**

函数名称: Scan_Keys()

功能: 扫描按键

***/

```
void Scan_Keys()
{
    if(SW1 == 0)                //发现有 SW1 按键信号
    {
        Delay(100);            //延时片刻, 去抖动处理
        if(SW1 == 0)           //确认为 SW1 按键信号
        {
            if(stat == 0)
            {
                stat = 1;
            }
            else if(stat == 1)
            {
                stat = 2;
            }
            else if(stat == 2)
            {
                stat = 1;
            }
            while(SW1 == 0);
```

```
          }
     }
}
/****************************************************************
函数名称：main()
功能：程序的入口
****************************************************************/
void main()
{
Init_Port();                 //端口初始化
while(1)
  {
    Scan_Keys();             //按键扫描
    switch(stat)
    {
      case 0:                //上电状态，D4 灯闪烁
           D4_Flicker();
           break;
      case 1:                //运行状态 1：D5 和 D6 灯闪烁
           D5D6_Flicker();
           break;
      case 2:                //运行状态 2：D5 和 D6 灯熄灭
           D5 = 0;
           D6 = 0;
           break;
    }
  }
}
```

任务三　人流量计数统计

【任务要求】

商场在某段时间内，需要对人流量进行计数统计。计数在 ZigBee 模块复位后从 0 开始，每按下 1 次 SW1 按键直到松开后，进行一次计数统计，并且计数结果通过面板上 4 个 LED 灯 D3、D4、D5、D6 以二进制显示。当计数到 16 时进位归零。

例如：当复位后，按下 SW1 按键后松开一次，面板上的 D5 灯亮，其余灯灭（表示二进制 0001）；按下 SW1 按键第二次后松开，D6 灯亮，其余灯熄灭（表示二进制 0010）。

二进制表示方法：

D4 灯 —— 第 3 位（bit3）。

D3 灯 —— 第 2 位（bit2）。

D6 灯 —— 第 1 位（bit1）。

D5 灯 —— 第 0 位（bit0）。

【参考源码】

```
#include "ioCC2530.h"

#define D3  P1_0
#define D4  P1_1
#define D5  P1_3
#define D6  P1_4
#define SW1 P1_2


unsigned char Num = 0;      //计数统计变量
/***************************************************************
函数名称：Delay()
功能：简单延时
***************************************************************/
void Delay(unsigned int t)
{
  while(t--);
}
/***************************************************************
函数名称：Init_Port()
功能：端口初始化
***************************************************************/
void Init_Port()
{
  P1SEL &= ~0x1b;        //将 P1_0、P1_1、P1_3、P1_4 设置为通用 I/O 端口
  P1DIR |= 0x1b;         //将 P1_0、P1_1、P1_3、P1_4 设置为输出方向
  P1 &= ~0x1b;           //关闭 4 个 LED 灯

  P1SEL &= ~0x04;        //将 P1_2 设置为通用 I/O 端口
  P1DIR &= ~0x04;        //将 P1_2 设置为输入方向
  P1INP &= ~0x04;        //将 P1_2 设置为上拉/下拉
  P2INP &= ~0x40;        //将 P1_2 设置为上拉
}
/***************************************************************
函数名称：Display_LED()
功能：统计结果显示
***************************************************************/
void Display_LED()
{
  D5 = 0;
  D6 = 0;
  D3 = 0;
  D4 = 0;
  if((Num & 0x01) == 0x01)      //第 0 位为 1，点亮 D5 灯
  {
    D5 = 1;
```

```c
  }
  if((Num & 0x02) == 0x02)          //第 1 位为 1，点亮 D6 灯
  {
    D6 = 1;
  }
  if((Num & 0x04) == 0x04)          //第 2 位为 1，点亮 D3 灯
  {
    D3 = 1;
  }
  if((Num & 0x08) == 0x08)          //第 3 位为 1，点亮 D4 灯
  {
    D4 = 1;
  }
}
/****************************************************************
函数名称：Scan_Keys()
功能：扫描按键
****************************************************************/
void Scan_Keys()
{
  if(SW1 == 0)                //发现有 SW1 按键信号
  {
    Delay(100);              //延时片刻，去抖动处理
    if(SW1 == 0)             //确认为 SW1 按键信号
    {
      while(SW1 == 0);       //等待按键松开
      Num++;                 //计数统计
      Display_LED();         //显示结果
    }
  }
}

/****************************************************************
函数名称：main()
功能：程序的入口
****************************************************************/
void main()
{
  Init_Port();
  while(1)
  {
    Scan_Keys();
  }
}
```

任务四　灯光亮度等级控制

【任务要求】

（1）程序开始运行时，全部 LED 灯熄灭。

（2）当第 1 次按下 SW1 按键并松开后，所有 LED 灯微亮。

（3）当第 2 次按下 SW1 按键并松开后，所有 LED 灯全亮。

（4）当第 3 次按下 SW1 按键并松开后，所有 LED 灯熄灭。

（5）重复运行上述（2）～（4）。

要求微亮和全亮两个状态的亮度不一样，肉眼能明显分辨出来；否则，当作亮度一样处理。

【参考源码】

```c
#include "ioCC2530.h"

#define SW1 P1_2

unsigned char stat = 0;     //灯光状态标志
/***********************************************************
函数名称：Delay()
功能：简单延时
***********************************************************/
void Delay(unsigned int t)
{
  while(t--);
}
/***********************************************************
函数名称：Init_Port()
功能：端口初始化
***********************************************************/
void Init_Port()
{
  P1SEL &= ~0x1b;        //将 P1_0、P1_1、P1_3、P1_4 设置为通用 I/O 端口
  P1DIR |= 0x1b;         //将 P1_0、P1_1、P1_3、P1_4 设置为输出方向
  P1 &= ~0x1b;           //关闭 4 个 LED 灯

  P1SEL &= ~0x04;        //将 P1_2 设置为通用 I/O 端口
  P1DIR &= ~0x04;        //将 P1_2 设置为输入方向
  P1INP &= ~0x04;        //将 P1_2 设置为上拉/下拉
  P2INP &= ~0x40;        //将 P1_2 设置为上拉
}
/***********************************************************
函数名称：LED_Half()
功能：全部灯光微亮
***********************************************************/
void LED_Half()
{
```

```
    P1 |= 0x1b;                //输出占空比为 20%的 PWM 信号
    Delay(200);                //20%周期的高电平
    P1 &= ~0x1b;
    Delay(800);                //80%周期的低电平
}
/*************************************************************
函数名称：LED_On()
功能：全部灯光高亮
*************************************************************/
void LED_On()
{
    P1 |= 0x1b;
}

/*************************************************************
函数名称：LED_Off()
功能：全部灯光熄灭
*************************************************************/
void LED_Off()
{
    P1 &= ~0x1b;
}
/*************************************************************
函数名称：Scan_Keys()
功能：扫描按键
*************************************************************/
void Scan_Keys()
{
    if(SW1 == 0)              //发现有 SW1 按键信号
    {
        Delay(100);            //延时片刻，去抖动处理
        if(SW1 == 0)          //确认为 SW1 按键信号
        {
            if(SW1 == 0)
            {
                stat++;            //灯光等级状态切换
                if(stat == 4)
                {
                    stat = 1;
                }
                while(SW1 == 0)    //等待按键松开
                {
                    if(stat == 2)
                    {
                        LED_Half();    //保证 PWM 脉宽信号输出不中断
                    }
                }
            }
        }
    }
```

```
        }
    }
    /*************************************************************
    函数名称：main()
    功能：程序入口
    *************************************************************/
    void main()
    {
        Init_Port();              //端口初始化
        while(1)
        {
            Scan_Keys();          //按键扫描
            switch(stat)          //灯光等级判断
            {
                case 1:
                    LED_Half();       //微亮
                    break;
                case 2:
                    LED_On();         //全亮
                    break;
                case 3:
                    LED_Off();        //熄灭
                    break;
                default:break;
            }
        }
    }
```

任务五　模拟红绿灯工作过程

【任务要求】

（1）程序开始运行时：LED 灯 D4、D3、D5、D6 熄灭。

（2）单击 SW1 按键（按键时间不超过 1 s）并松开后，启动红绿灯的工作过程，实现 D4 灯亮 3 s、D3 灯熄灭，再到 D4 灯熄灭、D3 灯亮 2 s 的循环过程。

（3）在红绿灯的工作过程中，长按 SW1 按键（按下时间超过 2 s）并松开后，D5 灯开始秒闪，即循环亮 0.5 s、灭 0.5 s；再次长按 SW1 按键并松开后，D5 灯停止秒闪……如此反复。在 D5 灯秒闪的过程中，不能打断或影响红绿灯的正常工作。

（4）双击模块上的 SW1 按键，停止红绿灯工作，即 D4、D3、D5 灯灭。

（5）重复上述模拟红绿灯的工作工程。

【参考源码】

```
#include "ioCC2530.h"

#define D4   P1_1
#define D3   P1_0
#define D5   P1_3
```

```c
#define SW1 P1_2

unsigned char count_t = 0;    //0.1 s 时间累计
unsigned char count_k = 0;    //按键触发时间累计
unsigned char K_Press = 0;    //按键按下标志
unsigned char F_Start = 0;    //红绿灯工作标志
unsigned char F_Shan = 0;     //D5 灯闪烁标志
/**********************************************************
函数名称：Delay()
功能：简单延时
**********************************************************/
void Delay(unsigned int t)
{
  while(t--);
}
/**********************************************************
函数名称：Init_Port()
功能：端口初始化
**********************************************************/
void Init_Port()
{
  P1SEL &= ~0x1b;       //P1_0、P1_1、P1_3 和 P1_4 作为通用 I/O 端口
  P1DIR |= 0x1b;        //P1_0、P1_1、P1_3 和 P1_4 作为输出端口
  P1 &= ~0x1b;          //关闭所有的 LED 灯

  P1SEL &= ~0x04;       //P1_2 作为通用 I/O 端口
  P1DIR &= ~0x04;       //P1_2 作为输入端口
  P1INP &= ~0x04;       //P1_2 设置为上拉/下拉模式
  P2INP &= ~0x40;       //P1_2 设置为上拉
}
/**********************************************************
函数名称：Init_Timer1()
功能：定时器 1 初始化
**********************************************************/
void Init_Timer1()
{
  T1CC0L = 0xd4;
  T1CC0H = 0x30;        //16 MHz 时钟，128 分频，定时 0.1 s
  T1CCTL0 |= 0x04;      //开启通道 0 的输出比较模式
  T1IE = 1;             //开启定时器中断
  EA = 1;               //开启总中断
  T1CTL = 0x0e;         //分频系数是 128,模模式
}
/**********************************************************
函数名称：Timer1_int()
功能：定时器 1 服务函数
**********************************************************/
```

```c
#pragma vector = T1_VECTOR
__interrupt void Timer1_int()
{
  T1STAT &= ~0x20;          //清除定时器 1 的溢出中断标志位
  if(K_Press == 1)          //有按键触发
  {
    count_k++;              //计算按键按下时间
  }

  if(F_Start == 1)          //启动红绿灯工作
  {
    count_t++;              //累计 0.1 s 间隔定时
    if(count_t == 30)       //间隔定时 3 s
    {
      D4 = 0;
      D3 = 1;
    }
    else if(count_t == 50)  //间隔定时 5 s
    {
      D4 = 1;
      D3 = 0;
      count_t = 0;
    }
    if(count_t % 5 == 0)    //0.5 s 间隔定时
    {
      if(F_Shan == 1)       //秒闪标志有效
      {
        D5 = ~D5;           //D5 灯秒闪
      }
    }
  }
  else if(F_Start == 0)     //红绿灯工作停止
  {
    D4 = 0;
    D3 = 0;
    D5 = 0;
    F_Shan = 0;
  }
}
/*****************************************************************
函数名称：Scan_Keys()
功能：扫描按键
*****************************************************************/
void Scan_Keys()
{
  if(SW1 == 0)
  {
```

```c
      Delay(100);                   //去抖动处理
    if(SW1 == 0)
    {
      K_Press = 1;
      while(SW1 == 0);              //等待按键松开
      if(count_k> 20)              //确认长按
      {
        if(F_Shan == 0)
        {
          F_Shan = 1;              //D5 灯开始秒闪
        }
        else if(F_Shan == 1)
        {
            F_Shan = 0;            //D5 灯停止秒闪
            D5 = 0;
        }
        K_Press = 0;               //清除按键触发标志
        count_k = 0;               //按键按下时间清零
        return;                    //长按有效，退出按键扫描
      }
      else
      {
        while(count_k<= 20)
        {
          if(SW1 == 0)             //在一个按键生命周期内
          {
              Delay(100);
              if(SW1 == 0)         //再次有按键有效按下
            {
              while(SW1 == 0);     //双击按键
              F_Start = 0;
              K_Press = 0;
              count_k = 0;
              return;
            }
          }
        }
      }
      F_Start = 1;                 //确认按键单击
      F_Shan = 0;                  //清除 D5 灯秒闪标志
      D4 = 1;                      //启动红绿灯工作
      D3 = 0;
      K_Press = 0;                 //清除按键触发标志
      count_k = 0;                 //按键按下时间清零
    }
  }
}
```

```
/************************************************************
函数名称：main()
功能：程序的入口
*************************************************************/
void main()
{
    Init_Port();                //初始化端口
    Init_Timer1();              //初始化定时器 1
    while(1)
      {
        Scan_Keys();            //扫描按键
      }
}
```

任务六　按键嵌套复合应用

【任务要求】

（1）程序开始运行时，LED3 闪烁 4 次后熄灭，LED4 闪烁 3 次后熄灭，此时 SW1 按键处于锁定状态，即单击或双击该按键均不能控制 2 个 LED 灯的开关状态。

（2）在按键锁定的状态下，长按 SW1 按键并松开后，LED3 闪烁 1 次后熄灭，SW1 按键处于解锁状态。

（3）在按键解锁状态下，单击 SW1 按键，可切换 LED3 的开关状态；双击 SW1 按键，可切换 LED4 的开关状态。

（4）在按键解锁的状态下，长按 SW1 按键并松开后，LED3 和 LED4 同时闪烁 1 次后熄灭，SW1 按键重新回到锁定状态。

【参考源码】

```
#include "ioCC2530.h"

#define LED3  P1_0
#define LED4  P1_1
#define SW1   P1_2
#define TT    1000

unsigned char F_Lock = 0;    //锁定状态标志
unsigned int count = 0;      //时间片计数
/************************************************************
函数名称：Delay()
功能：简单延时
*************************************************************/
void Delay(unsigned int t)
{
  while(t--);
}
```

```
/*************************************************************
函数名称：Init_Port()
功能：端口初始化
*************************************************************/
void Init_Port()
{
  P1SEL &= ~0x03;          //将 P1_0、P1_1 设置为通用 I/O 端口
  P1DIR |= 0x03;           //将 P1_0、P1_1 设置为输出方向
  P1 &= ~0x03;             //关闭 2 个 LED 灯

  P1SEL &= ~0x04;          //将 P1_2 设置为通用 I/O 端口
  P1DIR &= ~0x04;          //将 P1_2 设置为输入方向
  P1INP &= ~0x04;          //将 P1_2 设置为上拉/下拉
  P2INP &= ~0x40;          //将 P1_2 设置为上拉
}
/*************************************************************
函数名称：LED_ShanShuo()
功能：LED 灯闪烁
*************************************************************/
void LED_ShanShuo()
{
  unsigned char i;
  for(i = 0; i< 2; i++)   //LED3 闪烁 2 次
  {
    LED3 = 1;
    Delay(60000);
    LED3 = 0;
    Delay(60000);
  }
  for(i = 0; i< 3; i++)   //LED4 闪烁 3 次
  {
    LED4 = 1;
    Delay(60000);
    LED4 = 0;
    Delay(60000);
  }
}
/*************************************************************
函数名称：Scan_Keys()
功能：扫描按键
*************************************************************/
void Scan_Keys()
{
  if(SW1 == 0)            //发现有 SW1 按键信号
  {
    Delay(100);          //延时片刻，去抖动处理
    if(SW1 == 0)         //确认为 SW1 按键信号
```

```
{
    count = 0;                          //按键生命周期置0
    while(SW1 == 0)                     //按键按下时, 计算生命周期
    {
        Delay(200);
        count++;
    }

    if(count > TT)                      //按下的时间比生命周期长, 即长按
    {
        if(F_Lock == 0)
        {
            F_Lock = 1;                 //按键解锁
            LED3 = 1;
            Delay(60000);
            LED3 = 0;
            Delay(60000);
        }
        else
        {
            F_Lock = 0;                 //按键锁定
            LED3 = 1;
            LED4 = 1;
            Delay(60000);
            LED3 = 0;
            LED4 = 0;
            Delay(60000);
        }
    }
    else if(F_Lock == 1)
    {
        while(count <= TT)             //生命周期未结束
        {
            Delay(200);
            count++;

            if(SW1 == 0)               //在生命周期内有按键按下, 即双击
            {
                Delay(100);
                while(SW1 == 0);
                LED4 = ~LED4;
                break;
            }
        }

        if(count > TT)                 //按键单击
        {
```

```
          LED3 = ~LED3;
        }
      }
    }
  }
}
/******************************************************
函数名称：main()
功能：程序入口
******************************************************/
void main()
{
    Init_Port();                //端口初始化
    LED_ShanShuo();             //LED 灯闪烁

    while(1)
      {
        Scan_Keys();            //按键扫描
      }
}
```

任务七　休闲区域彩灯控制

【任务要求】

（1）程序运行时，D3 灯亮，其余灯灭。

（2）单击按键 SW1（按下后抬起），控制 D3～D6 四个 LED 灯每隔 0.5 s 像呼吸流水般点亮，即：D4 缓慢亮→D4 缓慢灭→D3 缓慢亮→D3 缓慢灭→D6 缓慢亮→D6 缓慢灭→D5 缓慢亮→D5 缓慢灭，如此循环。

（3）再次单击按键 SW1，控制从当前灯开始逆向"呼吸流水"，即：假设当前状态是 D6 缓慢灭→D5 缓慢亮，则此时按下 SW1 并抬起后，D5 缓慢灭→D6 缓慢亮→D6 缓慢灭→D3 缓慢亮→D3 缓慢灭→D4 缓慢亮→D4 缓慢灭，如此循环。

【参考源码】

```
#include "ioCC2530.h"

#define D3  P1_0
#define D4  P1_1
#define D5  P1_3
#define D6  P1_4
#define SW1 P1_2

unsigned char pwm = 0;              //PWM 信号变化单位
unsigned char pwm_duty = 0;         //PWM 信号占空比
unsigned char times = 0;            //PWM 信号周期累计
unsigned char led_go = 0;           //LED 流水方向标志
```

```c
unsigned char stat_go = 0;        //LED 灯变化标志
unsigned char stat = 1;           //LED 灯状态标志
unsigned char key_puse = 0;       //按键状态标志
/*************************************************************
函数名称: Init_Port()
功能: 端口初始化
*************************************************************/
void Init_Port()
{
    //初始化 LED 灯的 I/O 端口
    P1SEL &= ~0x1b;    //P1_0、P1_1、P1_3 和 P1_4 作为通用 I/O 端口
    P1DIR |= 0x1b;     //P1_0、P1_1、P1_3 和 P1_4 作为输出端口

    P1SEL &= ~0x04;    //P1_2 作为通用 I/O 端口
    P1DIR &= ~0x04;    //P1_2 作为输入端口
    P1INP &= ~0x04;    //P1_2 设置为上拉/下拉模式
    P2INP &= ~0x40;    //P1_2 设置为上拉

    //关闭所有的 LED 灯
    P1 &= ~0x1b;
}
/*************************************************************
函数名称: Init_Timer1()
功能: 初始化定时器 1
*************************************************************/
void Init_Timer1()
{
    T1CC0L = 0x80;      //16 MHz 时钟, 1 分频, 定时 1 ms
    T1CC0H = 0x3e;      //先填低 8 位, 再填高 8 位
    T1CCTL0 |= 0x04;    //开启通道 0 的输出比较模式
    T1IE = 1;           //使能定时器 1 中断
    T1OVFIM = 1;        //使能定时器 1 溢出中断
    EA = 1;             //使能总中断
    T1CTL = 0x02;       //分频系数是 1, 模模式
}
/*************************************************************
函数名称: Timer1_Service()
功能: 定时器 1 服务函数
*************************************************************/
#pragma vector = T1_VECTOR
__interrupt void Timer1_Service()
{
    T1STAT &= ~0x01;    //清除定时器 1 通道 0 中断标志
    if(stat_go == 0)    //开机后, D3 点亮
    {
        D3 = 1;
        return;
    }
```

```
      pwm++;                     //PWM 信号单位累加
      if(pwm <= pwm_duty)
      {
        switch(stat)
        {
            case 1: D4 = 1; break;
            case 2: D3 = 1; break;
            case 3: D6 = 1; break;
            case 4: D5 = 1; break;
            default:break;
        }
      }
      else if(pwm<= 10)
          {
              D4 = 0; D3 = 0; D6 = 0; D5 = 0;
          }
          else
          {
           switch(stat)
             {
                case 1: D4 = 1; break;
                case 2: D3 = 1; break;
                case 3: D6 = 1; break;
                case 4: D5 = 1; break;
                default:break;
             }
          pwm = 0;
          if(key_puse == 0)    //按键按下，暂停呼吸
          times++;
          }
  }
/****************************************************************
函数名称：LED_Control()
功能：控制 LED 灯
****************************************************************/
void LED_Control()
{
  if(times == 5)                 //每 50 ms 改变一次 PWM 信号的占空比
  {
    times = 0;
    if(led_go == 0)              //缓慢变亮
    {
      pwm_duty = pwm_duty + 1;
      if(pwm_duty == 11)
      {
        pwm_duty = 10;
        led_go = 1;
      }
```

```
            }
        else if(led_go == 1)        //缓慢变暗
        {
            pwm_duty = pwm_duty - 1;
            if(pwm_duty == 255)
            {
                pwm_duty = 0;
                led_go = 0;
                if(stat_go == 1)        //正向时，切换 LED 灯
                {
                    stat++;                 //进行正向流水切换
                    if(stat == 5)
                    stat = 1;
                }
                else if(stat_go == 2) //反向时，切换 LED 灯
                {
                    stat--;                    //进行反向流水切换
                    if(stat == 0)
                        stat = 4;
                }
            }
        }
    }
}
/****************************************************************
函数名称：Delay()
功能：简单延时
****************************************************************/
void Delay(unsigned char t)
{
    while(t--);
}
/****************************************************************
函数名称：Scan_Keys()
功能：扫描按键
****************************************************************/
void Scan_Keys()
{
    if(SW1 == 0)
    {
        Delay(100);                //去抖动
        if(SW1 == 0)
        {
            while(SW1 == 0)
            {
                key_puse = 1;        //按键按下标志
            }
            key_puse = 0;
```

```
            stat_go++;              //改变流水方向
            if(stat_go == 3)
            {
                stat_go = 1;
            }
        }
    }
}
/***************************************************************
函数名称：main()
功能：程序入口
***************************************************************/
void main()
{
    Init_Port();                //初始化 LED 灯和按键的 I/O 端口
    Init_Timer1();              //初始化定时器
    while(1)
    {
        LED_Control();          //呼吸流水灯的核心控制
        Scan_Keys();            //按键扫描与处理
    }
}
```

任务八　定时器间隔定时实现按键 N 连击

【任务要求】

单击按键 SW1，切换 D5 灯（LED5）的开关状态；双击按键 SW1，切换 D6 灯（LED6）的开关状态；三连击按键 SW1，切换 D3 灯（LED3）的开关状态；四连击按键 SW1，切换 D4 灯（LED4）的开关状态。

【任务实现】

每次按键按下都定义一个生命周期，假如是 0.5 s，生命周期结束时才确定按键的最终状态。如果在按键的生命周期内有新的按键按下，将会重新计算生命周期，这时就是双击。在双击的生命周期中，又有新的按键按下，则生命周期会重新计算，这时就是三连击。在整个生命周期中如果没有新的按键按下，那么最终的按键状态就是三连击。以此类推。其过程如图 9-1 所示。

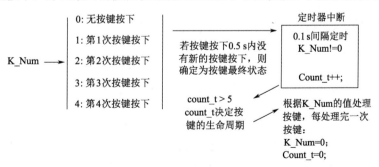

图 9-1　每次按键按下都定义一个生命周期

步骤 1：设置工程的基础环境

（1）新建文件夹，名称为"定时器间隔定时实现按键 N 连击"；

（2）打开 IAR 软件，新建一个工作区；

（3）在工作区内新建一个空的工程，并保存到新建的文件夹中，工程名称为"定时器间隔定时实现按键 N 连击.ewp"；

（4）配置芯片型号为 Texas Instruments 公司的 CC2530F256.i51；

（5）配置仿真器，仿真器驱动程序设置为"Texas Instruments"；

（6）新建代码文件，保存代码文件为"定时器间隔定时实现按键 N 连击.c"；

（7）将代码文件"定时器间隔定时实现按键 N 连击.c"添加到工程中。

（8）编写基础代码。

```
#include "ioCC2530.h"


void main()
{
while(1)
  {
  }
}
```

编译，保存工作区，名称为"定时器间隔定时实现按键 N 连击工作区"。当编译出现"Done. 0 error(s), 0 warning(s)"时，说明工程基础环境设置正常。

步骤 2：宏定义 LED 灯和按键

对 4 个 LED 灯（D3、D4、D5、D6）和按键 SW1 进行宏定义。

```
#define D3  P1_0
#define D4  P1_1
#define D5  P1_3
#define D6  P1_4
#define SW1 P1_2
```

步骤 3：编写延时函数

```
void Delay(unsigned int t)
{
  while(t--);
}
```

步骤 4：编写端口初始化函数

```
void Init_Port()
  {
    P1SEL &= ~0x1b;     //P1_0、P1_1、P1_3 和 P1_4 作为通用 I/O 端口
    P1DIR |= 0x1b;      //P1_0、P1_1、P1_3 和 P1_4 作为输出端口

    P1SEL &= ~0x04;     //P1_2 作为通用 I/O 端口
    P1DIR &= ~0x04;     //P1_2 作为输入端口
    P1INP &= ~0x04;     //P1_2 设置为上拉/下拉模式
```

```
      P2INP &= ~0x40;        //P1_2 设置为上拉
  }
```

步骤 5：编写定时器初始化函数

```
void Init_Timer1()
  {
    T1CC0L = 0xd4;
    T1CC0H = 0x30;          //16 MHz 时钟，128 分频，定时 0.1 s
    T1CCTL0 |= 0x04;        //开启通道 0 的输出比较模式
    T1IE = 1;
    EA = 1;
    T1CTL = 0x0e;           //分频系数是 128,模模式
  }
```

步骤 6：编写定时器 1 中断服务函数

```
#pragma vector = T1_VECTOR
  __interrupt void Timer1_int()
  {
    T1STAT &= ~0x20;     //清除定时器 1 的溢出中断标志位
    if(K_Num != 0 && SW1 != 0)   //按键不松开不计算生命周期
    {
        count_t++;            //定时器 1 溢出一次加 1，溢出周期为 0.1 s
    }
  }
```

步骤 7：编写键盘扫描函数

```
unsigned char count_t = 0;
unsigned char K_Num = 0;
void Scan_Keys()
  {
    if(SW1 == 0)
    {
    Delay(100);              //去抖动处理
      if(SW1 == 0)
      {
          while(SW1 == 0);   //等待按键松开
          count_t = 0;       //重新开始计算按键的生命周期
          K_Num++;           //改变按键状态
          if(K_Num> 4)       //四连击以上均判为四连击
           {
              K_Num = 4;
           }
      }
    }
    if(count_t> 5)           //按键生命周期结束
```

```
    {
      switch(K_Num)
      {
        case 1:                //按键单击
            D5 = ~D5;
            break;
            break;
        case 2:                //按键双击
            D6 = ~D6;
            break;
        case 3:                //按键三连击
            D3 = ~D3;
            break;
        case 4:                //按键四连击
            D4 = ~D4;
            break;
        default:
            break;
      }
      K_Num = 0;               //每处理完一次按键，按键状态清零
      count_t = 0;             //计时清零
    }
  }
```

步骤 8: 编写主函数

```
void main()
  {
    Init_Port();
    Init_Timer1();
    D3 = 0;
    D4 = 0;
    D5 = 0;
    D6 = 0;
    while(1)
    {
      Scan_Keys();
    }
  }
```

编译运行。

【参考源码】

```
#include "ioCC2530.h"

#define D3  P1_0
```

```
#define D4  P1_1
#define D5  P1_3
#define D6  P1_4
#define SW1 P1_2
```

```c
unsigned char count_t = 0;
unsigned char K_Num = 0;
/*****************************************************
函数名称: Delay()
功 能: 简单延时
*****************************************************/
void Delay(unsigned int t)
 {
    while(t--);
 }
/*****************************************************
函数名称: Init_Port()
功能: 端口初始化
*****************************************************/
void Init_Port()
  {
    P1SEL &= ~0x1b;        //P1_0、P1_1、P1_3 和 P1_4 作为通用 I/0 端口
    P1DIR |= 0x1b;         //P1_0、P1_1、P1_3 和 P1_4 作为输出端口

    P1SEL &= ~0x04;        //P1_2 作为通用 I/0 端口
    P1DIR &= ~0x04;        //P1_2 作为输入端口
    P1INP &= ~0x04;        //P1_2 设置为上拉/下拉模式
    P2INP &= ~0x40;        //P1_2 设置为上拉
  }
/*****************************************************
函数名称: Init_Time1()
功能: 定时器 1 初始化
*****************************************************/
  void Init_Timer1()
  {
    T1CC0L = 0xd4;
    T1CC0H = 0x30;         //16 MHz 时钟, 128 分频, 定时 0.1 s
    T1CCTL0 |= 0x04;       //开启通道 0 的输出比较模式
    T1IE = 1;
    EA = 1;
    T1CTL = 0x0e;          //分频系数是 128,模模式
  }
/*****************************************************
函数名称: Timer1_int()
功能: 定时器 1 中断服务函数
*****************************************************/
  #pragma vector = T1_VECTOR
  __interrupt void Timer1_int()
```

```
    {
      T1STAT &= ~0x20;        //清除定时器1的溢出中断标志位
      if(K_Num != 0 && SW1 != 0)   //按键不松开不计算生命周期
      {
          count_t++;          //定时器1溢出一次加1，溢出周期为0.1 s
      }
    }
/************************************************************
函数名称：Scan_Keys()
功 能：扫描按键
************************************************************/
  void Scan_Keys()
  {
    if(SW1 == 0)
    {
      Delay(100);             //去抖动处理
      if(SW1 == 0)
      {
          while(SW1 == 0);    //等待按键松开
          count_t = 0;        //重新开始计算按键的生命周期
          K_Num++;            //改变按键状态
          if(K_Num> 4)        //四连击以上均判为四连击
            {
                K_Num = 4;
            }
      }
    }
    if(count_t> 5)            //按键生命周期结束
    {
      switch(K_Num)
      {
        case 1:               //按键单击
              D5 = ~D5;
              break;
        case 2:               //按键双击
              D6 = ~D6;
              break;
        case 3:               //按键三连击
              D3 = ~D3;
              break;
        case 4:               //按键四连击
              D4 = ~D4;
              break;
      }
      K_Num = 0;      //每处理完一次按键，状态清零
      count_t = 0;    //计时清零
    }
  }
```

254

```
/*************************************************
函数名称：main()
功  能：程序的入口
*************************************************/
  void main()
  {
    Init_Port();
    Init_Timer1();
    D3 = 0;
    D4 = 0;
    D5 = 0;
    D6 = 0;
    while(1)
     {
       Scan_Keys();
     }
  }
```

任务九　定时器间隔定时实现按键长按与短按

【任务要求】

按键 SW1 短按，则切换 D5 灯（LED5）的开关状态；按键 SW1 长按，则切换 D6 灯（LED6）的开关状态。

【任务实现】

任务实现思路：

（1）定义一个变量 K_Press，标志按键状态：当按键在按下状态时，其值为 1；当按键在松开状态时，其值为 0。

（2）定义一个变量 count_t，计算按键处在按下状态的时间，也就是 K_Press 为 1 的时间。

（3）在按键松开后，通过判断 count_t 的值来区分按键的长按与短按状态。

（4）每处理完一个按键状态，将 count_t 置 0。

【参考源码】

```
#include "ioCC2530.h"
#define D3   P1_0
#define D4   P1_1
#define D5   P1_3
#define D6   P1_4
#define SW1  P1_2

unsigned char K_Press = 0;
unsigned char count_t = 0;
/*************************************************
函数名称：Delay()
功  能：简单延时
*************************************************/
```

```c
void Delay(unsigned int t)
{
    while(t--);
}
/*********************************************************
函数名称：Init_Port()
功能：端口初始化
*********************************************************/
void Init_Port()
{
    P1SEL &= ~0x1b;      //P1_0、P1_1、P1_3 和 P1_4 作为通用 I/0 端口
    P1DIR |= 0x1b;       //P1_0、P1_1、P1_3 和 P1_4 作为输出端口

    P1SEL &= ~0x04;      //P1_2 作为通用 I/0 端口
    P1DIR &= ~0x04;      //P1_2 作为输入端口
    P1INP &= ~0x04;      //P1_2 设置为上拉/下拉模式
    P2INP &= ~0x40;      //P1_2 设置为上拉

    D3 = 0;
    D4 = 0;
    D5 = 0;
    D6 = 0;
}
/*********************************************************
函数名称：Init_Time1()
功能：定时器1初始化
*********************************************************/
void Init_Timer1()
{
    T1CC0L = 0xd4;
    T1CC0H = 0x30;       //16 MHz 时钟, 128 分频, 定时 0.1 s
    T1CCTL0 |= 0x04;     //开启通道 0 的输出比较模式
    T1IE = 1;
    EA = 1;
    T1CTL = 0x0e;        //分频系数是 128, 模模式
}
/*********************************************************
函数名称：Timer1_int()
功能：定时器1中断服务函数
*********************************************************/
#pragma vector = T1_VECTOR
__interrupt void Timer1_int()
{
    T1STAT &= ~0x20;       //清除定时器 1 的溢出中断标志位
    if(K_Press != 0)       //按键按下
    {
        count_t++;         //计算按键按下的时间值
```

```
        }
     }
  //键扫描处理函数
void Scan_Keys()
  {
     if(SW1 == 0)
      {
         Delay(100);            //去抖动处理
         if(SW1 == 0)
         {
           K_Press = 1;       //标志按键正在按下
           while(SW1 == 0);   //等待按键松开
           K_Press = 0;       //标志按键已经松开

           if(count_t> 5)     //按键长按
           {
              D6 = ~D6;
           }
           else               //按键短按
           {
              D5 = ~D5;
           }
        count_t = 0;          //按键计数值清零
        }
     }
  }
/***********************************************************
函数名称：main()
功  能：程序的入口
***********************************************************/
void main()
 {
    Init_Port();
    Init_Timer1();
    while(1)
    {
        Scan_Keys();
    }
 }
```

习题参考答案

模块一

一、单项选择题

题号	1	2	3	4	5
答案	C	A	B	A	D
题号	6	7	8	9	10
答案	B	B	D	C	D
题号	11	12	13	14	15
答案	B	B	C	B	D
题号	16	17	18	19	20
答案	D	B	C	A	A

二、多项选择题

题号	1	2	3	4	5
答案	ABCD	AB	BCD	ACD	DABC

模块二

一、单项选择题

题号	1	2	3	4	5
答案	D	B	D	D	C
题号	6	7	8	9	10
答案	B	D	C	B	B
题号	11	12	13	14	15
答案	C	B	B	C	A
题号	16	17	18	19	20
答案	D	D	A	D	C

二、多项选择题

题号	1	2	3	4	5
答案	ABC	ABD	AB	ABD	BCD

模块三

一、单项选择题

题号	1	2	3	4	5
答案	B	A	C	C	A
题号	6	7	8	9	10
答案	A	A	D	D	C
题号	11	12	13	14	15
答案	C	D	C	B	D
题号	16	17	18	19	20
答案	B	A	C	B	D
题号	21	22	23	24	25
答案	B	D	B	D	A
题号	26	27	28	29	30
答案	B	A	B	B	B
题号	31	32	33	34	35
答案	A	C	A	A	C
题号	36	37	38	39	
答案	A	A	D	A	

二、多项选择题

题号	1	2	3	4	5
答案	ABC	CD	AC	ABC	BC

模块四

一、单项选择题

题号	1	2	3	4	5
答案	C	C	C	C	C
题号	6	7	8	9	10
答案	C	B	B	B	B
题号	11	12	13	14	15
答案	B	C	B	B	C
题号	16	17	18	19	20
答案	B	B	C	A	C

二、多项选择题

题号	1	2	3	4	5
答案	ABC	ACD	ABC	ABC	AC

模块五

一、单项选择题

题号	1	2	3	4	5
答案	B	C	B	B	B
题号	6	7	8	9	10
答案	C	A	B	C	D
题号	11	12	13	14	15
答案	C	B	C	B	D
题号	16	17	18	19	20
答案	D	B	A	C	D

二、多项选择题

题号	1	2	3	4	5
答案	ABC	ABCD	ACD	AB	ABC

模块六

一、单项选择题

题号	1	2	3	4	5
答案	A	A	A	C	A
题号	6	7	8	9	10
答案	B	C	C	C	C
题号	11	12	13	14	15
答案	B	C	B	B	B
题号	16	17	18	19	20
答案	C	D	A	B	D

二、多项选择题

题号	1	2	3	4	5
答案	ABC	ABD	ABC	ACD	ABD

模块七

一、单项选择题

题号	1	2	3	4	5
答案	C	C	B	A	C
题号	6	7	8	9	10
答案	B	C	B	D	C
题号	11	12	13	14	15
答案	D	B	D	B	B
题号	16	17	18	19	20
答案	C	D	B	B	D

二、多项选择题

题号	1	2	3	4	5
答案	ABC	AB	AC	ABD	BCD

模块八

一、单项选择题

题号	1	2	3	4	5
答案	A	C	B	C	D
题号	6	7	8	9	10
答案	D	A	C	B	C
题号	11	12	13	14	15
答案	D	C	B	B	C
题号	16	17	18	19	20
答案	C	B	A	C	D

二、多项选择题

题号	1	2	3	4	5
答案	ABD	ACD	ABC	ABC	BCD

参 考 文 献

[1] 陈继欣，邓立. 传感网应用开发（初级）[M]. 北京：机械工业出版社，2019.
其余参考文献请扫描以下二维码查阅。

二维码 0-3